彩椒

太空特大南瓜（84 斤）

太空青茄

樱桃番茄树

空中茄子

蔬菜立柱栽培

生字瓜

工艺礼品方型西瓜

萱草

大红袍

富士的辉

全民科学素质行动计划纲要书系
当代农民科技教育培训丛书

小·康·之·路

工艺农业项目与技术

中国科学技术协会　　组织编写
中国农业科学院

王奕　陈璐　　主编
杨其长　成仿云　曹华　　副主编
叶发权　杜秀娟　汪晓云　　编写

科学普及出版社
北京

图书在版编目（CIP）数据

　小康之路：工艺农业项目与技术/王奕,陈璐主编.
—北京：科学普及出版社,2008.2
　（全民科学素质行动计划纲要书系　当代农民科技教育
　丛书）
　ISBN 978-7-110-06232-6

　Ⅰ.工...　Ⅱ.王...　Ⅲ.农业技术－技术培训－教
材　Ⅳ.S

中国版本图书馆 CIP 数据核字（2007）第 199370 号

科学普及出版社出版

北京市海淀区中关村南大街 16 号　邮政编码：100081

电话：010-62103210　传真：010-62183872

http://www.kjpbooks.com.cn

科学普及出版社发行部发行

北京市凯鑫印刷有限公司印刷

*

开本：850 毫米×1168 毫米　1/32　印张：7.75　字数：200 千字

2008 年 2 月第 1 版　2009 年 1 月第 2 次印刷

定价：20.00 元

ISBN 978-7-110-06232-6/S·430

责任编辑：史晓红　王　雨

责任校对：孟华英

责任印制：安利平

序　言

　　胡锦涛总书记在党的"十七大"报告中指出，解决好"三农"问题事关全面建设小康社会大局，必须始终作为全党工作的重中之重，要加强农业的基础地位，走中国特色农业的现代化道路，培育有文化、懂技术、会经营的新型农民，发挥亿万农民建设新农村的主体作用。这些重要的论述和部署，对我国今后的"三农"工作，对农业科技工作提出了新的要求，为推进农业科技进步指明了方向。

　　农业在国民经济发展中占有极其重要的地位，是安天下的战略性基础产业，农业科技则是国家经济发展、科学技术进步和生活水平提高的重要标志之一。近年来，现代科学技术的迅猛发展，极大地带动了农业科学技术的进步和发展。现代农业一方面带给了人们环保、绿色和营养更加丰富的农业食品；另一方面，又把农业生产过程变为精神产品，极大地丰富了现代人精神世界的多种需求。它已不再是仅仅具有食品安全保障功能的单一产业，而是被赋予了具有工业原料供给、增加就业、国民增收，以及承载着生活传承，生产发展，生态安全，生活改善等一系列重要功能的新型综合性产业。

　　目前，我国农业仍处于传统农业向现代农业的过渡阶段，推进现代农业建设任务繁重。建设现代农业，需要现代科学技术的支撑，需要全民族的参与，特别是具有现代农业科技知识的广大农民的参与，农

业科学技术知识的普及意义重大。农业科技工作者不仅仅要做农业科技创新的主力军，更应成为现代农业科技知识的普及者和推动者，以及广大农民学科学用科学的好老师。

为推进我国现代农业建设，普及现代农业科学知识，推广和应用现代农业科技成果，提高广大农民科学素质，助力"全民科学素质行动计划纲要"的实施，中国科协、中国农业科学院共同组织编写了"小康之路"这套丛书。该套丛书有两个特点：第一是丛书的编辑始终以现代农业为主线，将近年来农业科技研究的最新科技成果编辑成书，在广大农民自身（包括合作组织）可实施的条件下，将现代农业的高新技术成果和先进农业技术介绍给读者，使他们听得懂、学得会，简便易行，立竿见影。第二是丛书特聘农业专家和学者撰写文稿，其中不乏我国老一辈著名农业专家和为我国农业科学事业作出贡献的青年学者。他们站在科学前沿，以诚挚的热情和高度责任感，接近广大农民，介绍最新、最实用的成果，让广大农民直接受益，从而激励更多的农民群众走上科技致富的道路。

最后，我们真心希望通过"小康之路"丛书的出版发行，使广大干部、农民、农业企业家能从中获得启迪，获得知识；也希望该书能为现代农业建设，新农村建设，普及现代农业知识，提高农民素质，加快农业生产手段、生产方式和生产理念的转变等方面发挥积极作用。

中国农业科学院副院长　屈冬玉

2007 年 12 月 8 日

前　言

当我们从交叉思维的角度回顾世界农业发展历程的时候，农业的工艺水平无疑就是它的母体。数千年前，原始人用石斧破土埋下种子，石斧催生了原始农业；今天的信息技术、转基因、航天育种等现代技术又打造出了现代农业。从原始农业的刀耕火种，到现代农业高度自动化和机械化生产，农业工艺的进步与创新一直握控着农业的发展水平。

工艺农业的快速发展，使今天的人们再不会把豆腐房、编制铺的初期农副业与工艺农业视为同类。工艺农业已经成为计算机、信息技术、现代培育技术、生物技术、自动化技术和航空航天等多项前沿科学的集合体，其内涵丰富而多重，所产出的不但是物质的农业产品，还有精神的农业文化产品。

所以，工艺农业既是工艺技术农业，又是工艺文化农业，是农业科技文化的直接体现。它不但进一步提升和发掘了农业产品的价值，还满足了现代人多样性的精神需求。

如果我们看到番茄秧长成树那么高，上面结满万余个番茄；看到茄子像西瓜一样大；看到西红柿像樱桃样小……这些动物和植物还是原来的物种吗？这就是工艺农业带给我们的神奇和物种增值的财富。工艺农业是超级农业，它对人类社会的发展将起到无法估量的影响和推进作用。

我国工艺农业近年来发展很快。一大批先进的科

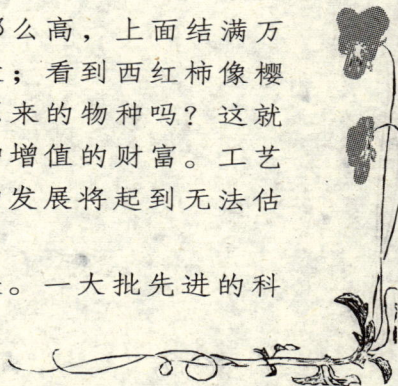

研成果得到推广应用，新型瓜果蔬菜已走进百姓餐桌，包括观光农业在内的新工艺农产品和文化艺术农业产品色彩斑斓，气象万千。工艺农业产出的物质的和精神的农业产品，为丰富人民生活，提高全民科学素质，推进社会主义新农村建设起到了不可替代的重要作用。

　　本书系国内第一本全面讲述工艺农业概念、特点及主要构架的著作。编者在介绍实用工艺农业项目的同时，又用浅显易懂的语言对工艺农业技术与管理详细讲述，让读者看到的不仅是工艺农业的前景，更重要的是帮助广大农民，通过工艺农业的项目与技术，走上创业致富的道路。

　　在本书编写过程中，中国农业科学院、北京林业大学、北京时空新知科技发展中心、北京市农业技术推广站、北京缤纷四季太空菜基地的专家学者们，在百忙中为本书编撰稿件；中国农业科学院蒋卫杰、葛红教授对书稿逐一审读，在此，我们表示由衷感谢，并对书中所采用的文献作者和出版单位一并致谢。

　　由于编辑出版时间仓促，书中难免有缺点和不足之处，我们真诚希望读者给予批评和指正。

编　者
2007 年 11 月

目 录

第一章 工艺农业与发展趋势

第一节 工艺农业

近年来，越来越多的国家开始对工艺农业进行了大量的研究和开发，为工艺农业这个含有手工或作坊概念的传统农副业，赋予新的内涵，成为现代农业的一个高新技术的集合地。

现代科学的进步和发展，以及各学科间相互渗透和相互交叉，使当代农业科学技术出现了质的飞跃：转基因技术、现代育种技术、信息技术、航空航天技术、计算机技术等一系列前沿科技成果和先进工艺，提升了农业科研手段，支撑了农业产业创新，这一切为现代工艺农业的问世奠定了坚实基础。可以说，工艺农业是多学科技术发展到一定程度时出现"并线效应"的现代农业的产物，学科交叉是工艺农业的本源属性。

工艺农业的出现，改变了传统农业模式和生产功能：从实现纯物质产品的角度讲，工艺农业不但提升和突破了传统农业方式，同时带给现代人品位更高、感官更好、更环保、更具营养价值的农业产品；从非物质的角度讲，工艺农业将农业生产过程变为精神产品，从而满足了现代人对精神感受的多种需求。从近年来出现的可食可赏新型果菜潮和魔幻观赏植苗木栽培热的现象中，使我们充分感受到工艺农业的到来，以及工艺农业物质产品和精神产品的发展特征。

第二节 可食可赏的新型果菜与市场前景

人类生活的每一天都离不开瓜果和蔬菜。古医书《素问》曰："五谷为养，五果为助，五畜为益，五菜为充。"可见果菜作物对人的生存有着十分重要的作用。

从 20 世纪 30 年代开始，欧美一些工业发达国家，从机械技术、生物技术和管理技术三个方面，对传统农业进行了全面的技术改造，开始了从传统农业向工艺农业转化的过程。今天，随着人类文明的进步和现代农业的纵深发展，果菜作物已经成为世界各国现代农业的重要部分，特别是新一代可食可观赏果菜品种的育成和推广，为现代社会的人类生活又增添了一道亮丽风景线。

新型工艺果菜的概念是相对于传统瓜果和蔬菜而言的。以现代生物技术、现代育种技术、基因工程技术、生物信息技术和航天技术为支撑的新型果菜作物，不但营养超越传统果菜，同时具有观赏价值。可以用六个字来形容其凸显特征：新、奇、特、精、优、小。比如柑橘般大小的西瓜，一口吃一个，十分爽口；马铃薯和番茄的秧苗，植株可以长到 10m，结果 1.2 万个；儿童吃了疫苗蔬菜，就能达到对某种疾病的免疫作用等，这些都是新型果菜的特色功能。

当前，世界各国科学家采用现代工艺已经培育出数百种新型果菜的品种，尽管品种繁杂、色彩缤纷，但归纳起来大致可以分成下述两类。

一、新奇特型果菜

随着现代社会的发展，绿色和环保的瓜果蔬菜已经成为现代农业生产的基本标准。但消费者的要求和期望远不止健康和绿色，又好看，又好吃，又好玩，又实用，并且带有浓郁文化内涵和地域色彩的特色果菜，更受欢迎。一句话，消费者菜筐中需要装满更多的新奇特工艺果菜。

世界文明的演进驱动着这种市场的需求。特别在最近几年，科学家采用现代农业科技手段，培育出一大批精美、营养、保健、具有文化艺术底蕴的全新果菜品种，在世界范围内掀起了"新型果菜潮"。比如袖珍水萝卜，外形和普通的长水萝卜截然不同，它不是长形圆柱状，而是像一个蒜头圆圆的，直径不过 2 ~ 4cm，吃起来另有一番风味；通过杂交、组合、定位选育而成的砍瓜，也是新型果菜的一个明星，属葫芦科绿蔓匍匐一年生植物，瓜状长圆柱形，瓜色先由绿后变金黄色。这种瓜奇就奇在不用整个摘下来，而是一节一节砍着吃，想吃多少就砍多少，什么时候吃什么时候新鲜，而且砍过的截面还能迅速愈合。砍瓜不仅口感好，营养高，又是治疗外伤的特效药，具有医药开发价值：如果不小心划破手，滴一滴瓜汁，伤口会迅速愈合。这种奇特的药效功能使砍瓜凸显出更大的卖点；还有"猪腰芒果"、"方形西瓜"、青皮无核、甜嫩芬芳的"珍珠葡萄"，以及白皮红心萝卜、红肉香蕉、褐色辣椒、金色樱桃和七彩玉米等，这些形、色、味皆俱佳的新型果菜，不仅成为现代人"进口"的美食，还被当作时尚摆设和馈赠亲朋的厚礼。人们从追求果菜产品的高产量，转向现在追求果菜产品的小巧玲珑、奇色异彩和营养保健，这种观念的转变将对果菜生产工艺和人类生活产生了深远和互动的影响，同时也为广大农民群众开拓了更加广泛的致富之路。

二、航天果菜

20 世纪 60 年代以来，随着航天技术的快速发展，国内外的科学家们纷纷把作物种子置于卫星、飞船、航天飞机之中，观察这些种子经过太空飞行之后的变化。

太空育种工艺研究最早起源于 1984 年，美国航天局、太阳辐射研究中心和 Park 种子公司用飞船搭载番茄种子的试验。他们发现太空返回地面的种子在发芽率和发芽速度上均优于一般的种子，而且幼苗生长正常，后期发育良好，产量高。其后俄罗斯也开始了太空育种的研究。我国从 1987 年开始，首次利用 FSW－O 返地卫星首次搭载植物种子，到 2001 年，已经成功地进行了十多次植物种子搭载试验，并取得了一定的成果。

太空育种工艺也叫空间诱变育种工艺，生成机理目前还不十分清楚，世界各国科学家正在探索研究之中。太空育种工艺的主要方法是利用太空飞行器搭载植物种子。这些种子在太空中所具有的特殊宇宙强射线、微重力、高真空等条件影响下，使植物种子在不同于地球环境的条件下发生基因突变和染色体变异。然后，在地面上对这些太空返回的种子进行种植选育。

太空育种的结果不是每颗种子都会发生基因诱变，其诱变率只有随机的千分之十，而有益的基因诱变仅是千分之三左右。一般从第二代开始筛选突变单株，然后将选出的种子再播种，让它们自交繁殖，如此繁育三四代后，才有可能获得遗传性稳定的优良突变系。除此以外，太空种子地面培育期间还要进行品系鉴定、区域化试验等程序。这样，每批太空遨游过的种子需要经过连续几年的筛选鉴定，一般要经过 4 代培育才能投入生产，之后还要经过考验和权威部门的审定才能称其为真正的"太空种子"。所以，太空育种工艺是一项长期、艰辛而严肃的科学研究工作。

太空果菜的研究与开发是太空育种工艺研究工作的重头戏。目前，仅我国已先后培育出百余种太空植物，包括番茄、萝卜、甜菜、甘蓝、莴苣、生菜、黄瓜、洋葱等蔬菜，品种丰富。如新品系太空黄瓜 96－1，亩产在 6000kg 左右，单果平均长达 40cm，重 1000g，最大单果可长达 52cm，重 1800g。在极嫩时采摘，有一股特殊的清香味，口感比普通黄瓜更鲜脆，并且表现出抗霜霉病及植株高大、健壮的特性；"太空"西红柿比普通西红柿大 2 倍，每个约重 300g，按同等比重，其抗癌物质番茄红素比普通西红柿高 3~4 倍，食用一个"太空"西红柿比食用一个普通西红柿摄入的番茄红素高达 8 倍，可有效降低心脏病和某些癌症的发病危险。现在部分太空蔬菜已经投放到国内市场。仅在上海和江苏两地，近两年上市的"太空蔬菜"就达 100 多吨，受到广大消费者的欢迎。

太空育种工艺是人类有意识地利用空间环境和条件加速生物体变异的现代育种工艺，它为新型果菜的研发和创新提供了更加丰富的科研手段。人们将会按照自己的意愿，培育出更营养、更可口果菜，使我们的饮食结构变得更加丰富多彩。随着太空技术的发展，我们相信将会有更多的地球物种利用太空工艺进行选育、定向诱变和基因清除，甚至在太空建立果菜大型试验室的愿望也已经触手可及。展望未来，在现代农业"高效、低耗、持续"发展的模式下，可食可观赏的新型果菜必将迎来突飞猛进的发展，其中一大批新奇特、精优小、无污染、无公害、反季节，以及饱含文化艺术和返璞归真底蕴的植物品种将会陆续问世。随着城乡居民生活水平的日益改善和全球经济一体化进程的不断加快，新型果菜在我国现代农业生产中将凸显独特的优势和地位，将成为现代种植业中最具活力的经济作物之一。新型工艺果菜产业也必促进工艺农业迎来一个崭新的纪元。

第三节　观赏工艺栽培与发展趋势

观赏工艺栽培技术是工艺农业的另一个重要脉系。它将农业的生产过程与观光、游憩等活动有机地结合在一起，改变了传统农业模式和生产功能，使农业实现以纯物质产品的生产功能逐渐向以精神产品生产为主、物质产品生产为辅的产业模式转变。在这种模式下栽培的作物生长茂盛，开花结果多，景观效果好且稳定，栽培作物生长周期比常规栽培长，进一步延长结果时间和观赏期。特别是采用无土工艺栽培的观赏作物，艺术景观多变，观赏品味内涵丰富，作物色彩靓丽，具有灵动感和多姿多彩的风格，并可以随心所欲地实现植物千姿百态的变化。

作为以休闲、观赏为主要功能的观赏工艺农业园区（或称观光农业园区），其栽培模式与一般生产性农业园不同。单纯以生产功能为主体的农业园，其生产模式比较单一，品种也很少，科技含量也比较低。观赏工艺农业园区，必须打破单一化的生产格局，赋予农业多种新的功能。通过栽培模式的创新与园林化布局设计，把作物生产过程、生态建设、休闲观光、科普教育等功能有机地融合在一起，让都市居民、中小学生及消费者在一个整洁优雅、空气清新、安静温馨的环境中休闲、观光、学习和交流，远离城市的喧嚣和繁杂，领略诗情画意般的田园风光和恬静自然的乡情农趣。

所以，观赏工艺栽培首先是栽培品种需求多样化。根据观赏主题的需要，尽可能地引进多样化的作物品种，并与景观植物进行搭配。可以辟出"五谷园"、"百菜园"、"百花园"、"本草园"、"百果园"、"水生蔬菜园"、"科普园"等品种园，每个区域可通过一些景观植物、道路及或园林建筑进行隔离，形成多样化的品种种植格局。

其次是技术需求的多样化。在生产方式上采用多样化的工艺设施手段和技术模式进行栽培，以丰富景观内涵。可以有原始生产工艺、传统农业生产工艺和现代农业工艺技术，进行多种栽培模式的展示。让人们了解农业的发展过程，学习和了解现代农业科学与技术。

再次是艺术化的栽培需求。为体现观赏工艺农业的特色，提高农业的艺术文化品位，必须打破生产模式连片单一化的格局，应按照园林艺术风格进行作物的栽植，形成集科技、文化、艺术美感于一体的作物栽培景观。通过区域分隔、地形塑造和一定的设施条件，实现景观与布局的变换。最后还要考虑栽培布局生态化问题。工艺农业园内作物、景观植物的布置还应与园内建筑、道路布局相协调，充分有效地利用立体空间，高效利用土地和光热资源，突出循环农业、生态农业技术的综合运用，实现园内整体的绿化、美化。

除一些优秀植物品种传统栽培工艺方法外，现代观赏工艺栽培主要有这样几种模式：

一、工厂化农业技术

（1）工厂化育苗技术：从种子处理、催芽、播种和浇水施肥、病虫害防治实行全自动或半自动作业，环境要素完全可控，能显著缩短育苗时间，提高秧苗品质和育苗效率。

（2）工厂化栽培技术：在各种基质栽培和水耕栽培模式的基础上，通过机械传动机构、营养液自动配液、检测及供液设施、环境综合调控系统等装备的应用，实现栽培系统的自动或半自动作业，可以显著提高设施栽培的工作效率、环境与营养的综合调控能力以及作物的产量和品质。

工厂化育苗与工厂化栽培技术是设施农业的发展方向，在观光农业园内设置这些栽培模式，对增强园区的科普示范功能和观光效果都具有重要意义。

二、立体无土栽培技术

采用设施无土栽培技术可以实现多种立体栽培景观，如立体管道式栽培、墙面立体栽培、立柱式栽培和盆栽吊挂式栽培等。立体无土栽培把植物从平面延伸到垂直或斜面的立体空间，使植物的栽培空间得到最大程度的拓展，有利于提高温室空间及光热资源的利用率，可以塑造出许多实用化、艺术化的立体栽培景观，显著提高作物产量和景观效果。

三、蔬菜单株"巨型化"栽培技术

蔬菜巨型化栽培也叫"蔬菜单株高产栽培"或"蔬菜树式"栽培模式，是通过提供蔬菜单株生长发育的最大空间和最佳的环境条件、营养条件，通过生理调控和农艺措施，使蔬菜单株生长

和高产潜能得到最大程度的发挥，培养出巨型植株个体，实现多结果、结大果的目的。目前，科研人员已成功地将番茄、茄子、甜辣椒、黄瓜、西瓜、甜瓜、冬瓜、葫芦、南瓜等瓜果蔬菜培养成单株冠幅 $25 \sim 120 m^2$ 的巨型"蔬菜树"。蔬菜巨型化栽培对观光农业来说，是最有科普观赏价值的一种栽培模式，而且随着人们的不懈努力，巨型单株和单株高产实例不断出现，把这项技术一次又一次地推向顶峰。

四、微型化栽培技术

选择植株个体比较小的作物品种或把本来比较高大的蔬果、花卉、农作物品种通过生理调控和农艺技术手段，使个体生长发育微型化和艺术化。如各种盆栽的微型观赏南瓜、观赏葫芦、观赏辣椒、观赏茄子等；还有盆栽果树、盆栽彩色蔬菜、盆栽芳香蔬菜等；采用组织培养技术在透明容器中培养的微型花草蔬菜等，都是具有很高观赏价值的微型化栽培模式。

五、果菜奇趣栽培技术

通过一些特殊手段和奇妙构思，去改变作物本来的生长特性和生长状态，赋予作物多变的景观。如空中结薯、水中长瓜、一株多色、动感栽培、果实造型、果实雕刻等。

以上模式都需要无土栽培技术和园林艺术作支撑，只有通过无土栽培技术的应用，才能实现景观和艺术的完美结合。所以，无土栽培技术在工艺农业园中具有广泛的应用空间，是工艺农业的核心技术。

（杨其长　汪晓云）

第二章 精优小特色及工艺果菜栽培工艺与管理

第一节 迷你西瓜栽培工艺与管理

迷你西瓜，又叫袖珍西瓜，俗称小西瓜。顾名思义它是普通食用西瓜中果型较小的一类，发育正常的果实单瓜重 1.0～2.0kg 之间，是西瓜大家族中的新秀。其特点和优势是果形美观，小巧玲珑，肉质细嫩，汁多味甜，品质上乘，又便于携带，是夏季高档礼品瓜，深受广大消费者的青睐。近年来，随着社会经济的不断发展，人民生活水平迅速提高，家庭的小型化，饮食观念的不断更新和旅游业的兴起，小西瓜已逐渐被人们接受，目前在推广最早的上海、苏南、浙江、福建等东南沿海地区，已占有相当大的市场份额，北京、天津、武汉等大中城市也呈现热销势头。现今，小西瓜生产呈现由东向西，由大城市向中小城市发展的态势，全国栽培面积逐年扩大，市场销售潜力巨大。其价格较普通西瓜高 1～2 倍，有时甚至高达 3 倍，生产者经济效益相当可观，现已成为高效工艺农业项目之一，发展甚为迅速，吸引了众多消费者的目光。

一、迷你西瓜的生育特性及栽培技术

迷你西瓜的生长发育特性与普通西瓜有所不同，在发展过程中也出现过一些问题。因此，掌握小西瓜的特性，采取相应措施，才能提高其产量，促进其正常发展。

1. 迷你西瓜的生育特性

(1) 幼苗小，前期长势较差：迷你西瓜种子小，千粒重在 30.8～37.5g 之间，种子储藏养分较少，出土力弱，下胚轴细，长势较弱，尤其在早播时幼苗处于低温、寡照的环境条件下，更易影响幼苗生长，其长势明显较普通早熟西瓜品种弱。这就会影响雌、雄花的花芽分化进程，具体表现为雌花子房很小，初期雄花发育不完全、畸形，雄蕊异常，花粉量少，甚至没有花粉，从而难于正常进行和完成授粉、受精与果实发育过程。

幼苗定植后若处于不利气候条件下时，则幼苗期与伸蔓期的植株生长仍表现细弱。一旦气候好转，植株生长就恢复正常，小西瓜的分枝性强，雌花出现较早、密度高，易坐果，多蔓多果；如不能及时坐果，则易表现徒长，延误生育。

(2) 果形小，果实发育周期短：迷你西瓜的果形小，一般单瓜重 1.0～2.0kg，果实发育周期较短，在适温条件下（25～30℃）雌花开放至果实成熟只需 20 多天，较普通早熟西瓜品种提早 7～10 天。小西瓜在早播早熟栽培条件下所需天数远较表 2-1 所列数字为长，头茬瓜（5月中旬采收）需 40 天左右，气温稍高的二茬瓜（6月中旬采收）需 30 天左右，其后的气温更高，只需 22～23 天。小西瓜果皮薄，在肥水较多、植株生长过旺，或水分和养分不匀时，容易发生裂果。

表 2-1　小西瓜与普通西瓜果实生育天数和所需积温比较

品种类型	果形	温暖期（天）	凉期（天）	所需积温（℃）
普通西瓜	圆果	30～33	40～45	1000
	长果	35～38	45～50	1000
小型西瓜	圆果	20～22	28～30	600
	长果	25～27	30～35	750

(3) 对肥料反应敏感：迷你西瓜营养生长与施肥的多少有密切关系，对氮肥的反应尤为敏感，氮肥量过多更易引起植株营

养生长过旺而影响坐果。因此，基肥的施肥量应较普通西瓜少30%，而小西瓜的嫁接苗，可减少50%左右。由于果形小，养分输入的容量小，故多采用多蔓多果栽培。

（4）结果的周期性不明显：迷你西瓜因自身生长特性和不良栽培条件的双重影响，前期生长差，如过早自然坐果，因受同化面积的限制，果个很小，而且易发生坠秧，严重影响植株的营养生长。随着生育期的推进和气温条件的改善，植株长势得到恢复，如不能及时坐果，较易引起徒长。故生长前期一方面要防止营养生长弱，同时又应适时坐果，防止徒长。植株正常坐果后，因果小，果实发育周期短，对植株自身营养生长影响不大，故持续结果能力强，可以多茬结果；同样，果实的生长对植株的营养生长影响也不大，这种自我调节能力，对多蔓多果、多茬次栽培、克服裂果都十分有利，故小西瓜的结果周期性不像普通西瓜那样显著。

二、迷你西瓜的早熟栽培技术

（一）品种选择

大棚栽培小果型西瓜，应选择早熟、优质、抗病、薄皮的品种为好。所选品种的共同特点是早熟、果实小（单瓜重 1.5 ~ 2.0 kg），皮薄，瓤质脆，糖度高，口感好；抗病性较强，坐果率高，产量较高，果形美观。现介绍几个目前应用较多的品种：

1. 红小帅

红小帅系北京市农业技术推广站育成的迷你西瓜一代杂交新品种。生长势较强，分枝力强，低温生长性好，适应春、秋、冬三季栽培。极易坐果，单瓜重 1.5 ~ 2kg。1 株可结 2 ~ 3 个瓜，果实椭圆形，外观美丽有光泽，皮绿色带细条纹，条纹整齐美观。果肉红色，细无渣，爽口多汁，中心含糖量在 13% 以上。属极早熟小型西瓜，全生育期 80 天，果实自开花至采收约需 26 天。

2. 黄小帅

黄小帅系北京市农业技术推广站育成的迷你西瓜一代杂交新品种。生长稳健，结果力强，抗病性强，适宜保护地和露地栽培。果实圆形，整齐美观，单瓜重 1～1.5 kg，果肉晶黄色，中心含糖量 12%～14%，口感好，品质极佳。属极早熟小型西瓜，全生育期 85 天，果实自开花至采收需 25～26 天。

3. 黄晶一号

黄晶一号系北京市农业技术推广站育成的迷你西瓜一代杂交新品种。生长势强，抗逆性强，易坐果，果实圆形，果皮黄色有深黄条纹，整齐度好，单瓜重 1.5～2 kg，属极早熟小型西瓜，果实自开花至采收需 26 天，果肉红色，品质优，中心含糖量 13% 以上。

4. 早春红玉

1996 年从日本引进的优良迷你西瓜杂交一代新品种。该品种生长稳健，耐低温弱光，适于大小棚早春设施栽培。极早熟，开花后在正常温度下 28 天成熟，果实椭圆形，单瓜重 1.5～2 kg，底深绿色间有黑色条纹，果皮薄，厚约 3 mm，不耐储藏。果肉红色，质细，中心含糖量 13% 以上。

5. 红小玉

红小玉系湖南省瓜菜研究所引进的迷你西瓜一代杂交新品种。生长势较强，可以连续结果，单瓜重 1～2kg。1 株可结 3～5 个瓜，果实圆形，皮绿色带条纹，外观美丽。皮薄，果肉含糖量在 13% 以上，果肉细。果实自开花至采收约需 26 天。

（二）适时播种，培育壮苗

1. 营养土的配置

营养土用未种过瓜菜的肥沃田土 70%，焦泥灰 10%，腐熟优质有机肥 20% 左右，过磷酸钙 0.2%，过筛后拌匀。然后进行土壤消毒处理，用 40% 福尔马林 100 倍液（用 40% 福尔马林 1kg 可消毒 4000 ~ 5000 kg 营养土）喷洒营养土，边喷边拌，用农膜覆盖堆闷 2 ~ 3 天消毒，对防治苗期炭疽病、枯萎病、疫病有较好效果。揭膜后露放一周即可装钵，装土标准为营养钵高度的 3/4，钵底土应捣实，而上部则需轻压，做到上松下实，以利出苗。营养钵选用口径为 8 ~ 10cm 的塑料钵。

2. 种子处理

浸种前先晒种 4 小时以上，用 55 ~ 60℃ 温水烫种，不断搅拌，水温降至 30℃ 以下，浸泡 6 ~ 8 小时，以种仁无白心为度，将种子外黏膜搓去，清水洗净，之后可用 50% 多菌灵 500 ~ 600 倍液，浸泡 30 分钟，然后清水洗净，用湿布包种放入恒温箱（28 ~ 32℃）催芽，80% 的种子胚根长 1 ~ 2 mm 即可播种。

3. 播种

播种前 1 天浇透钵土，播种当天用 50% 多菌灵 500 倍液喷洒营养钵表土，待水渗下后，用树枝在每钵土上部中间戳 1 个 0.5 ~ 1cm 深的洞，然后将种子芽尖向下平放在洞内，种面平放在土表，每钵 1 粒，上覆药土 1 ~ 1.5cm，及时盖地膜保温，上搭小棚增温。出苗前不必揭膜通风，使床温白天控制在 28 ~ 32℃，夜间 20 ~ 25℃，出苗 70% 后及时揭除地膜，需 3 ~ 4 天。

4. 苗期管理

出苗后适当降温，白天保持 20 ~ 25℃，夜间 15 ~ 18℃，抑制下胚轴伸长，以防"高脚苗"。当第 1 片真叶出现以后，徒长趋势减弱，适当升温白天宜在 22 ~ 26℃，夜间 16 ~ 18℃，以促进生长，并改善光照条件，有利于壮苗。移栽前一周逐步降温炼苗，有利于定植后缓苗。

水分管理掌握宁干勿湿的原则。出苗前一般不浇水。出苗后苗床宜干不宜湿，要求保持营养土湿润，当钵土现白时，需浇水。浇水应选晴天，并以中午 11：00 前后为好，用棚内温水喷洒，每次浇水要浇透。

苗期及时防治病虫害，在做好种子、营养土、苗床消毒的基础上，及时防治病虫害。可用 10% 的吡虫啉可湿性粉剂 5000 倍液防治蚜虫；猝倒病和疫病可用 58% 的甲霜灵锰锌可湿性粉剂 500 倍防治。

（三）定植

1．施足基肥，整地做畦

栽培地选用地下水位低，排灌方便，土层深厚的沙壤土。定植前 20 天扣好大棚膜，提高土温。移栽前 10 天造墒、整地做畦，施基肥。小西瓜需肥量较普通西瓜少，自根苗为普通西瓜的 70%，嫁接苗为普通西瓜的 50%。每 667m² 施有机肥 1500kg，过磷酸钙 25kg，翻耕施入，做畦时施三元复合肥 30~40kg，开沟深施于畦中间，然后做成龟背畦。地爬式栽培畦宽 2m，沟宽 0.4~0.5m。

2．适时移栽定植

定植时期应掌握在土温稳定在 15℃ 以上，气温 12℃ 以上。抢晴天定植。定植前 1 天先将苗床浇足水，用 600 倍百菌清对瓜苗进行保护性防治，种植密度地爬式株距 0.4~0.5m，行距 2~2.25m，每 667m² 栽苗 600 株，定植时应小心操作，避免散坨。栽前先打定植孔，再放置钵苗，栽后用 50% 多菌灵可湿性粉剂 500 倍液浇定根水，封好定植孔。随移栽随盖上小拱棚膜，以提高棚内温度，增加有效积温，促进早熟上市。当幼苗具有 3~4 片真叶，子叶完整叶柄粗壮，根系发达时，即可定植。

（四）田间管理

1．温度、光照管理

（1）缓苗期：需较高的温度，白天维持 30℃ 左右，夜间 15℃，最低 10℃，土温维持在 15℃ 以上。夜间多层覆膜，日出后由外及内逐层揭膜，午后由内向外逐层覆盖。

（2）发棵期：白天保持 22~25℃，超过 30℃ 时应开始通风。

通风不仅可调控温度，而且可降低空气湿度，增加透光率，补充棚内 CO_2，提高叶片同化效能。午后盖膜的时间以最内层小棚温度 $10℃$ 为准，高时晚盖，低时早盖，阴雨天提前覆盖，保持夜间 $12℃$ 以上，$10cm$ 土温为 $15℃$。

（3）伸蔓期：营养生长期的温度可适当降低，白天维持 $25 \sim 28℃$，夜间维持在 $15℃$ 以上，随着外界气温的升高和瓜蔓的伸长，不需多层覆盖时，应由内向外逐步揭膜，当夜间大棚温度稳定在 $15℃$ 时（定植后 $20 \sim 30$ 天），拆除大棚内所有覆盖物。

（4）开花结果期：需要较高的温度，白天维持 $30 \sim 32℃$，夜间相应提高，以利于花器发育、授粉、受精和促进果实发育。

2．整枝

由于迷你西瓜前期长势弱，果形小，适于多蔓多果，故以轻整枝为原则。留蔓数与种植密度有关，密植时留蔓数少，稀植时留蔓增加，整枝方法有以下 2 种：

第一种是保留主蔓，采用选留"一主二侧三蔓法"，整枝时间在主蔓第 1 雌花开放初期进行。前期放任扩大叶面系数，有利于促进地下根系生长，在主蔓第 1 雌花开放时，在主蔓基部 $3 \sim 5$ 节上选留 2 条长得最快的侧蔓，摘除其他子蔓及坐果前由子蔓上抽生的孙蔓，构成三蔓整枝。该法的优点是主蔓顶端优势始终保持，雌花出现早，提前结果，形成商品果，但影响子蔓生长结果，结果参差不齐，商品率低，增加栽培管理难度，如肥水管理不当可引起部分裂果。

第二种是 $5 \sim 6$ 叶期摘心，以促进侧蔓生长。子蔓抽生后保持 $3 \sim 5$ 个生长相近的子蔓平行生长，摘除其余子蔓及坐果前由子蔓上抽生的孙蔓，构成了三至五蔓整枝。该法的优点是各子蔓间的生长与雌花出现节位相近，可望同时开花结果，果形整齐，商品率高，便于管理。

3．人工授粉与留果

主要靠人工授粉提高坐果率。一般在早上 8：00 后雌花开时

进行，阴天在 9：00~11：00 进行，前一晚夜温过高，授粉时间可适当提前。每天 1 次，直至每株坐果为止。授粉方法是：摘下开放正常的雄花，去掉雄花花瓣，将花粉均匀涂抹在雌花柱头上。留果节位以留主蔓或侧蔓第 2、3 雌花为宜，使果实生长占有较多叶面积，可以增大果形。及时疏果，瓜长至鸡蛋大，可打顶掐尖，减少养分的消耗。

4．实行科学肥水管理

迷你西瓜在施足基肥、浇足底水、重施长效有机肥的基础上，头茬瓜采收前原则上不施肥、不浇水。若表现缺肥时，在植株伸蔓时，每 667m² 可适当追施三元复合肥 20 kg；膨瓜期每 667m² 追施三元复合肥 20 kg。若表现缺水时，于膨瓜前适当补充水分。当头茬瓜多数已采收，二茬瓜刚开始膨大时，应进行 1 次追肥，以氮、钾肥为主，每 667m² 施三元复合肥 50kg，于根外开沟撒施，施后覆土浇水。

（五）病虫害防治

大棚栽培主要病害有枯萎病、炭疽病、白粉病等，虫害主要有蚜虫。炭疽病和疫病是迷你西瓜常见病害，一般在结果后期，植株长势减弱、抗性降低且天气多雨潮湿时发生。防治炭疽病有如下方法防治。

（1）可用 70% 甲基托布津 800~1000 倍液。

（2）50% 多菌灵 500~600 倍液及 75% 百菌清可湿性粉剂 600 倍液。

（3）70% 代森锰锌可湿性粉剂 500~700 倍液。

（4）25% 使百克（施保克）乳油 1500 倍液。防治枯萎病，前期可用 50% 敌菌丹 1000 倍液或 75% 敌克松原粉 1000 倍液防治；中后期可用 50% 退菌特 800 倍液或 50% 多菌灵 800 倍液，隔 5 天喷 1 次，连喷 4 次，防治效果好。疫病可用 64% 杀毒矾可湿性粉剂 600 倍液防治。蚜虫的防治可用 40% 乐果乳油 1200 倍液或灭蚜烟剂等防治。病毒病用稳得富 500 倍液或病毒灵 1000 倍液间隔 7 天喷 1 次，连喷 5 次。白粉病用多抗灵 150 倍液防治，间隔 7 天 1 次，可兼治其他真菌性病害，效果较好。

（六）适时采收

迷你西瓜从雌花开放至果实采收时间较短，在适温条件下较普通西瓜早 7～8 天，约需 25 天。大棚早熟栽培果实发育期气温较低，一般在开花授粉后 35～40 天成熟，成熟瓜果柄、果蒂收缩内陷，果柄毛脱落，结果节位卷须干瘪，用手弹瓜有"噔噔"响声。坐果后挂牌标记是适时采收的重要依据，同时采收前试样，开瓜测定。采摘生瓜会严重影响品质，特别是黄肉品种。适熟时采收品质佳，且可减轻植株负担，有利于其后的生长和结果。

三、迷你西瓜立架栽培技术要点

立架栽培就是使西瓜蔓爬起来，沿着支架生长的一种栽培方式。由于立架栽培可以使西瓜植株生长向空间立体发展，有效地提高光能和土地的利用率，增加密度，提高产量，改善果形，使其果形圆正，着色均匀，皮色鲜艳，外形美观，含糖量较高，品质较好，从而提高商品性，提高了小西瓜的经济效益。立架栽培的西瓜茎蔓由匍匐状生长改为攀缘引伸直立向上生长，因此叶片很少重叠，通风透光良好。此外，因茎叶不与地面直接接触，感病轻，发病率低。目前除在塑料大棚栽培上和温室栽培上应用较广外，露地和塑料薄膜覆盖栽培中应用尚少。

（一）大棚结构

迷你西瓜地爬式栽培，大棚的跨度为 4.5～6m，高度 1.7～1.8m，而用作立架栽培的大棚跨度应增至 6m，高度在 2m 以上，侧肩高度在 1.2m 以上，以满足瓜蔓向上伸长（图 2-1）。

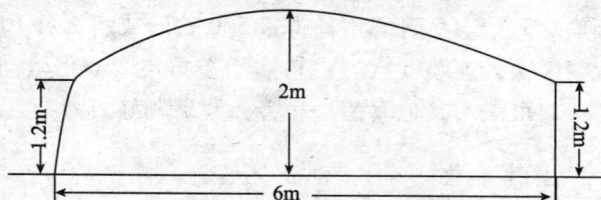

图2-1 大棚结构侧面

（二）立架栽培技术要点

立架栽培在育苗技术、土壤和管理等方面与一般地爬栽培基本相同，在种植方式、整枝、果实管理等方面则有所不同。

1. 种植方式

立架栽培增加了种植密度，根系吸收力加强，因此应较地爬式栽培相应增加基肥的施用量。种植方式可分单行和双行两种。单行种植按1~1.2m做宽约60~70cm的高畦，沟宽40~50cm，畦中间种1行瓜苗（图2-2）。双行种植按2.5m做宽约2m的高畦，在畦两侧双行密植，三角形定植，有利于通风透光（图2-3）。株距0.5~0.6m。北方按1m和60cm做相间的小高垄种植。

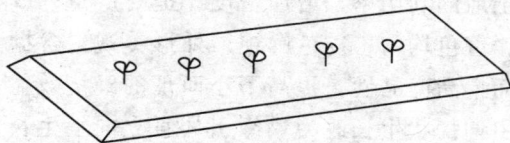

图2-2 单行种植

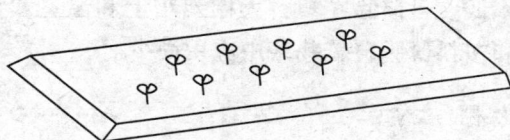

图2-3 双行种植

种植密度与整枝方式有关，迷你西瓜立架栽培以双蔓整枝为主，间有采用三蔓整枝的，株距40~50cm，密度每667m²约1600~1800株。

2. 支架

支架方式可分篱笆式和人字架。当瓜蔓长到 15~20 cm 时，即植株倒蔓前，搭好栽培架。架材用料要求不严，用竹竿、树棍等均可，长约 2m（以棚高而定）。篱架立杆离瓜苗根部 25cm 左右垂直插入土中，深度为 20~25 cm。为了节约材料，也可每隔 2~3 株插 1 根立杆。每个瓜畦的立杆要平行排列，纵成行，高低一致。在立杆的上、中、下部各绑 1 条横杆，为了加固，可在每个畦两端用横杆连接起来。也可用尼龙绳或塑料绳代替立杆，基部固定在地面横杆上，顶部固定在棚架骨架上，每蔓挂 1 根塑料绳，成为吊绳架。篱架和吊绳架通风透光好，管理方便。适用于单行或双行。人字架，是用两行立杆交叉绑成人字形，并按 0.4~0.5m 间距，在人字架上从下至上绑上横杆（一般用拇指粗，长 1.8~2m 的竹竿），瓜蔓沿人字架生长。这种支架通风透光较差，管理不便，但较牢固，适于双行定植（图 2-4）。

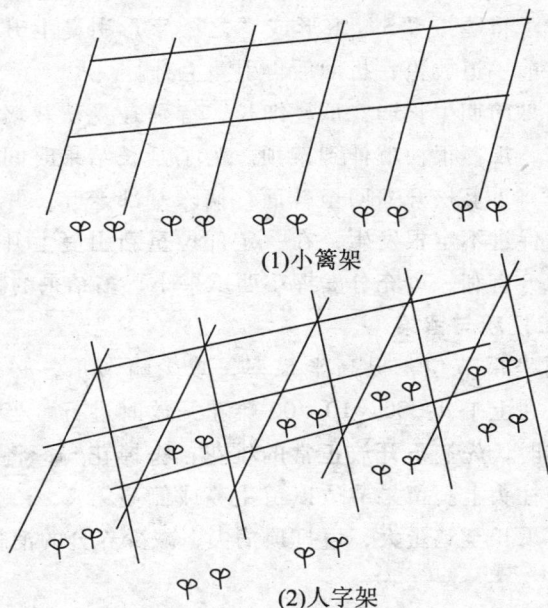

(1)小篱架

(2)人字架

图 2-4　迷你西瓜支架示意图

3. 整枝

迷你西瓜立架栽培一般采用双蔓整枝。整枝的方式一种是一主一侧法，即保留主蔓及基部 1 条生长健壮的侧蔓；另一种是幼苗具有 4～5 片真叶时摘心，子蔓长至 20～30cm 时，保留 2 条健壮长势相近的侧蔓，平行生长。

4. 上架及绑蔓

瓜蔓长到 50～60cm 时，开始引蔓上架，绑第 1 道蔓。为了防止绑蔓时西瓜根被拔出，可以在上架前先将瓜蔓向一侧进行盘条后再上架。随后每隔 5 叶（约 30～40cm）引蔓一次，均匀地绑在架的立杆和横杆上，一般每根茎蔓约绑 4～5 道即可，切不可把 2 条蔓绑在一起。注意不要绑得太紧，以免影响茎蔓生长发育，雌花节前后不绑，以免影响果实的发育。但一定要绑牢，尤其是幼瓜上下两道要绑牢。绑蔓一般用湿稻草绑，也可用塑料绳绑或布条都可以。西瓜蔓较长，大棚空间有限，为了压缩蔓的高度，绑蔓时可将蔓按"S"字形或"之"字形引蔓上升，当瓜蔓过长时可将前一道放松，折回后再引蔓上升。

迷你西瓜前期生长弱，瓜蔓细长，特别是夏秋栽培，雌花出现节位上升，瓜蔓很快就伸到架顶。为了延长结果时间，前期果采收以后，将瓜蔓松开缩回至畦面，摘除基部老叶，并对缩回的老蔓压土，促进不定根发生，在一定部位重新引蔓上升，这对中后期结果十分有利，可充分发挥小西瓜果小、多结果的特性。

5. 人工授粉与留果

为控制坐瓜节位，提高坐果率，减少畸形瓜，必须人工授粉。授粉宜在上午 8：00～10：00 雌花开放时进行。当选留节位的雌花开放时，先摘下开放正常的雄花，去掉花瓣，将花粉均匀涂抹在雌花柱头上。留果节位以留主蔓或侧蔓第 2、3 雌花为宜。及时疏果，瓜长至鸡蛋大，可打顶掐尖，减少养分的消耗。

6. 吊瓜

为防止西瓜坠落，当幼果长到 0.5kg 左右时进行吊瓜。因果型小，一般用塑料网或白色塑料袋套上，固定在架上即可。

7. 加强肥水管理

由于立架栽培小西瓜种植密度大，坐果数较多，产量较高，需要的肥水量大，所以要及时施肥浇水，以确保西瓜生长发育的需要。在具体管理上，坐瓜前要控制肥水，防止植株徒长，坐瓜后，要以水促肥，肥水并用，促进果实迅速膨大。

8. 采收

迷你西瓜从坐果到成熟约 26～28 天，应根据授粉日期标记、品种特性适时采收。西瓜成熟的主要特征：果面光滑，花纹清晰，果柄、果蒂收缩内陷，果柄毛脱落，坐果节位和上、下节位卷须干瘪，以此为依据，取样剖瓜，及时采收。

四、迷你西瓜夏、秋季栽培技术要点

夏季栽培：利用大棚夏季高温休闲期，可栽培一茬小西瓜。5 月底播种育苗，苗龄 10～15 天，6 月中旬大棚定植，8 月中下旬收获。

秋季栽培：秋季及初冬生长季节较长，前期仍处于高温阶段，后期温度低，须覆膜增温。根据播种季节可以分早秋栽培和秋季栽培。早秋栽培 7 月上中旬播种育苗，7 月下旬至 8 月初定植，9 月下旬至"国庆"节期间采收上市。秋季小西瓜生长周期短，品质好，上市期正值全国西瓜市场的淡季，加之节日期间对礼品瓜需求的刺激，而此时白天气温依然较高，市场对西瓜的需求量仍然很大，故其价格较高，一般每 667m² 产量达 2000～3000kg，产值 5000 元以上，纯收入 2000 元以上，经济效益十分可观。秋季栽培 8 月中下旬播种育苗，9 月上中旬移栽，元旦前后采收上市。

5月			6月			7月			8月			9月			10月		
上	中	下	上	中	下	上	中	下	上	中	下	上	中	下	上	中	下

夏季栽培：○——△·······×——————■

秋季栽培：○——△·······×—————————■

注：○：播种 △：定植 ×：授粉 ■：收获

夏秋栽培的生长季节（6～10月份）内，前期气温高，昼夜温差小，日照强烈，时有暴雨出现，北方正值雨季，对西瓜生长极为不利，病毒病、螨类、蚜虫等病虫害危害严重，栽培上有一定难度，仍应采用大中棚覆盖防雨（拆除裙膜），覆盖遮阳网，以遮光、通风、降温、地面可覆草降低土温，增加土壤温、湿度，并及时采用药剂防治病虫害。

（一）品种选择

夏、秋迷你西瓜应选择早熟、抗病、品质佳、适宜密植、耐湿、耐高温、生长旺盛、高温条件下坐果好的品种。如红小帅、黄小帅、黄晶一号、早春红玉等。这些品种单瓜重 2 kg 左右，外观美，品质优，含糖量达 13% 左右，颇受消费者的欢迎。

（二）培育壮苗，适时定植

为了方便管理，提高成苗率，宜采取育苗移栽。育苗可参照本节前面介绍的迷你西瓜早熟栽培育苗技术，但应根据夏秋季节的气候特点培育壮苗。

1. 苗床准备与播种

选择地势高燥、通风排水良好、日照充足、移栽方便，前茬为大棚的田块做苗床。前茬作物收获后清理田园，苗床应设在大棚内或小拱棚防雨育苗，顶棚要完好，拆除裙膜，以免暴雨直接淋刷和田间积水，防止土壤湿度过大，以减少病害的发生，有条件的可在大棚四周围上防虫隔离网纱，减少虫害发生。育苗前平整土地，拍实床土，铺上薄膜。苗床与棚侧间距应大于 60cm，防雨淋。苗床地必须进行灭鼠、灭虫、灭菌处理，灭鼠用鼠药，灭虫用百铃 1500 倍液，灭菌用多抗灵 200 倍液。播种当天浇足底水，再喷台农高产宝 1000 倍液和 70% 甲基托布津可湿性粉剂 1000 倍液，补充营养土微量元素。播种方法：把种芽平放在钵中央，每钵 1 粒，种子上盖 1cm 松土，一般用苗菌敌 3500 倍的药土覆盖。用薄膜覆盖钵面保湿，薄膜上再加 3cm 的稻草或双层遮阳网遮光降温，有利于提高出苗率。

2. 苗期管理

（1）苗床管理：播种后在苗床四周再用老鼠药普杀一次。夏秋栽培苗期温度高，应防止幼苗下胚轴生长过快，否则容易形成"高脚苗"，故应注意控制苗床水分，早见光，待 40%～50% 种子露出土层，及时揭膜，通风降湿，去除稻草等。小西瓜种子小，出苗弱，常有种子"带帽"，需人工及时去除。水分一般掌握"二控一促"，即真叶吐露前以控水为主，防猝倒病；若苗床过干，可在晴天中午浇小水，缺肥时叶面喷施 500 倍的健植宝，既可补肥，又有防病效果。真叶吐露后以促为主，晴天早、晚看苗浇水；移栽前 3 天以控苗为主，不出现缺水症状原则上不浇水。

嫁接苗培育由于受高温等气候条件影响，成活率较低。小西瓜出苗后茎秆较细，嫁接方法采用插接法，砧木应提前 5 天播种。嫁接应尽可能选择晴天进行。当接穗多数种子出土时晒苗，子叶发绿，砧木苗长出第一片真叶时，即可嫁接。嫁接时，先抹去砧木的生长点，用一粗细同西瓜下胚轴的竹签，从一片子叶向另一片子叶下方斜插 1cm，注意不插破砧木的下胚轴，立即在接穗子叶下 1cm 处用刀片削去两侧的表皮呈 1cm 长的楔形，将其插入签孔即可。

（2）嫁接苗管理：嫁接后 3 天应盖草帘遮阳，防苗萎蔫，促进接口愈合；育苗中期酌情揭盖草帘，温度控制在 24～30℃；定植前 7 天左右，可逐渐揭膜炼苗，促苗健壮。当气温高达 35℃时，苗床覆盖双层草帘，遮光降温，膜内温度应降至 25～30℃，床温不能超过30℃，3天后逐步见光，早晚通风，一周后即可愈合，而后按常规管理。苗床使用"苗菌敌"毒土可有效防治立枯病、猝倒病。夏秋嫁接苗12～15天，具1～2片真叶时成苗。

3. 定植

夏秋季节的气温高，幼苗生长快，苗龄较短，一般苗龄10～15天，以具有2片真叶时为宜。苗龄短有利于成活。定植前先将大棚封闭，喷洒乐果、百菌清、多菌灵等药剂，消灭病虫。然后从大棚两边将膜掀起50cm高，围好防虫网。定植前一天先在畦中央挖好种植穴，杀虫剂用百铃1500倍，灭菌剂用多抗灵150倍，再加台农高产宝1000倍，每穴浇水0.5L，667m²浇300L，对杀死地下害虫和防治土壤病害效果显著。定植前营养钵浇足底水。

定植操作：脱掉营养钵，将根系完整的瓜苗平放在经过杀虫灭菌处理的定植穴内，尽量做到不伤根，营养土与畦面相平并紧密结合，周围空隙用湿润松土填实，防止根系失水，瓜苗周边的地膜用湿润细土盖严，以免高温烧苗。定植选择晴天上午10：00前或下午15：00后，阴天可全天栽培，小心操作，避免散坨。移栽后用50%多菌灵可湿性粉剂500倍和0.2%磷酸二氢钾混合液浇定植水。

（三）整地施肥

大棚前茬作物收获后及时灭茬、翻耕和施基肥。小西瓜夏秋栽培季节温度高，生长快，施肥量较早熟栽培可减少30%～40%。每667m²施腐熟厩肥或腐熟猪、禽粪1000～1500kg，三元复合肥50kg，饼肥75kg，过磷酸钙50kg，硫酸钾25kg。有机肥在畦中间开沟深施，其他基肥整地前均匀撒施畦面，然后翻入土中。

（四）田间管理

1. 温度管理

迷你西瓜生长适温，白天为 25～32℃，夜间为 18～25℃。定植后如遇晴热天气，可在大棚上加盖遮阳网 1～2 天，促进缓苗。

生长前期，当气温超过 32℃时，大棚膜上应加覆遮阳网，以防止温度过高造成瓜苗失水萎蔫及诱发病毒病。遮光应根据气候条件灵活掌握，盛夏晴天 10：00～15：00 覆遮阳网以防烈日，其余时间争取多见光。阴天、多云天气需争取光照，避免植株生长过弱，缓苗后减少遮光时间。

生长中后期（9 月中下旬）夜间温度开始降低，夜温降至 15℃以下需盖裙膜，闭棚保温，但白天气温尚高，应开启裙膜通风，再往后封闭四周裙膜，从大棚西头通风。注意棚内温度的调节，切忌闷棚，防止烧苗。随着气温的下降，早上通风时间推迟，傍晚闭棚时间提前，使夜温不低于 15℃，保持较高棚温，可促进果实膨大和成熟。

2. 肥水管理

坐果以前应控制肥水，防止徒长，提苗肥于栽后一周用 0.2% 磷酸二氢钾 + 0.2% 尿素 + 500 倍多菌灵混合液浇定植穴。伸蔓期每 667m² 浇施少量三元复合肥约 10kg。幼苗坐齐后可施三元复合肥或磷酸二铵，每株 25g 左右，距根茎基部约 20cm 处开穴施入，盖土抹平、浇水，以促进果实膨大。膨瓜期叶面喷施一次 500 倍液的富果型正大植物营养宝，每 667m² 浇施三元复合肥 30kg、硫酸钾 15kg 或每 667m² 在株间深施 20kg 钾肥 + 20kg 尿素。西瓜采摘前 10 天停止浇水施肥。后期一般不再施肥，为防止脱肥早衰，可用 0.2% 磷酸二氢钾或其他叶面肥作叶面喷施 1～2 次。

（五）采收

秋季迷你西瓜从坐果到成熟约 26 天，应根据授粉日期标记、品种特性适时采收。西瓜成熟的主要特征：果面光滑，花纹清晰，果柄、果蒂收缩内陷，果柄毛脱落，坐果节位和上、下节位卷须干瘪，以此为依据，取样剖瓜，及时采收。

（六）病虫害防治

育苗时，苗床主要是三虫二病，立枯病、猝倒病、蚜虫、蓟马、斜纹夜蛾，杀虫用百铃 1000 倍或杀虫素 1500 倍喷雾，防治蚜虫可用 10% 的吡虫啉可湿性粉剂 5000 倍防治；齐苗后猝倒病用苗菌敌 1500 倍喷雾或 58% 的甲霜灵锰锌可湿性粉剂 500 倍或 64% 杀毒矾可湿性粉剂 500 倍防治。

生长期常发的病害有病毒病、炭疽病、叶枯病、枯萎病。在初花期开始每隔一周用 80% 大生 800 倍液或 60% 防霉宝 500 倍液喷洒一遍，连续 3～4 次，交替使用，特别是大雨过后，必须喷一遍杀菌剂，以预防各种病害的发生。对枯萎病，目前最有效的预防方法是严格实行轮作和土壤消毒，发现枯萎病株时应及时拔除，轻微时用 75% 治萎灵 1000 倍液，每株灌根 250mL，连灌 2～3 次或用 25% 施保克乳油 1000 倍液或 70% 敌克松可湿性粉剂 1000～1500 倍液灌根，每株 250mL。病毒病可用 20% 病毒 A 可湿性粉剂 500 倍或 20% 病毒 A 与小叶敌 500 倍混合液喷施，还可用病毒灵 1000 倍液间隔 7 天喷 1 次，连喷 5 次。西瓜进入生长后期，天气转凉，应注意防治西瓜炭疽病、叶枯病，可用 25% 炭特灵 600～800 倍液或 80% 大生 800 倍液或 60% 炭疽灵 600 倍液或 75% 百菌清喷雾防治。白粉病用多抗灵 150 倍液防治，间隔 7 天一次，可兼治其他真菌性病害，效果较好。蔓枯病用 40% 杜邦福星乳油 8000 倍液或 75% 百菌清可湿性粉剂 600 倍液防治。危害秋西瓜的主要害虫有蚜虫、瓜蓟马、斜纹叶蛾、潜叶蝇、螨类等。蚜虫可用 10% 吡虫啉粉剂 3000～5000 倍液喷雾防治。蚜虫、斑潜蝇还可用黄色黏虫板捕杀。瓜蓟马、夜蛾类可用 1% 阿维菌素 2000 倍液喷雾防治；夜蛾类还可用锐劲特 2500 倍液防治；潜叶蝇、螨类可用 1% 海正灭虫灵 2000 倍液防治。注意采收前 15 天禁施农药。

五、迷你西瓜一年多茬栽培技术简介

随着人们对小西瓜认知度的加深，迷你西瓜周年化生产越来越被人们所关注。近两年迷你西瓜一年多茬的栽培在全国范围内已成为大势所趋，生产上一般每 $667m^2$ 产量：一茬瓜 3500 ~ 4000kg，二茬瓜 1500 ~ 2000kg，三茬瓜 2500kg，因其市场俏售，价格比普通西瓜高 1 倍甚至几倍，生产者经济效益相当可观，具有深远的推广意义。

（一）品种选择

西瓜品种在选择上不仅要适应冬春季大棚早熟栽培，即选择早熟、优质、抗病、坐果率高、果形美观、薄皮的品种为好，而且也要求适应夏秋季的栽培气候，即选择早熟、抗病、品质佳、适宜密植、耐湿、耐高温、生长旺盛、高温条件下坐果好的品种。由北京市农业技术推广站育成的迷你西瓜一代杂交新品种红小帅、黄小帅、黄晶一号符合了这一要求。

（二）合理安排茬口

为确保一年二茬、三茬栽培，充分利用大棚有效空间和时间，必须合理安排好茬口。

1．一年二茬

第一季迷你西瓜 1 月下旬播种，2 月下旬移栽，5 月上旬至 7 月上旬采收。第二季西瓜 7 月上旬播种，嫁接后于 7 月下旬至 8 月初移栽，9 月下旬至 11 月中旬采收。

2．一年三茬

一年三茬分两种，第一种需要 3 次育苗，第二种只需 2 次育苗。（1）第一季西瓜 1 月上旬播种，2 月上旬移栽，4 月底至 5

月底采收。第二季西瓜 4 月中、下旬播种，嫁接后 5 月中、下旬移栽，7 月上旬至 8 月上旬采收。第 3 季西瓜 7 月中、下旬播种，嫁接后于 8 月上中旬移栽，9 月底至 11 月中下旬采收。（2）头茬瓜于 1 月底 2 月初播种育苗，3 月中旬定植，5 月上旬至 6 月上中旬采收结束。二茬瓜（越夏栽培）：头茬瓜采收后，在主蔓和二、三条侧蔓的基部留 10cm 的老蔓，其余的全部剪除。每 $667m^2$ 追施 $40 \sim 50kg$ 三元复合肥或 20kg 尿素加 10kg 硫酸钾，于根系外围开沟撒施，掺匀覆土后浇水。一周后枝蔓可重新生长，此后田间管理技术与头茬瓜一致，7 月下旬采收。三茬瓜为防高温危害，推迟播期于 7 月育苗，8 月上旬定植，9 月下旬采收。

一年二茬茬口安排：

1 月			2 月			3 月			4 月			5 月			6 月			7 月			8 月			9 月			10 月			11 月		
上	中	下	上	中	下	上	中	下	上	中	下	上	中	下	上	中	下	上	中	下	上	中	下	上	中	下	上	中	下	上	中	下

一茬：○ —— △ —— × —— ■■■■■■■
二茬：○ —— △ —— × —— ■■■■

一年三茬（三次育苗）茬口安排：

1 月			2 月			3 月			4 月			5 月			6 月			7 月			8 月			9 月			10 月			11 月		
上	中	下	上	中	下	上	中	下	上	中	下	上	中	下	上	中	下	上	中	下	上	中	下	上	中	下	上	中	下	上	中	下

一茬：○ —— △ —— × —— ■■■
二茬：○ —— △ —— × —— ■■■
三茬：○ — △ —— × —— ■■■■

注：○：播种　△：定植　×：授粉　■■：收获

　　我国迷你西瓜以其果形美观小巧，肉质细嫩，汁多味鲜甜等优势，已经成为中国西瓜销售市场中的一大主力军团，迷你西瓜种植业也必将迎来更大的发展机遇。

（张雪梅）

第二节　抱子甘蓝栽培工艺与管理

　　抱子甘蓝，别名芽甘蓝、子持甘蓝。为十字花科芸薹属甘蓝种蔬菜，是结球甘蓝的变种。其中心不结球，而于茎的周围腋芽处生出少量的叶球，似子依附于母怀状，故称抱子甘蓝。抱子甘蓝原产于地中海沿岸，由甘蓝演化而来。抱子甘蓝是欧美各国重要的蔬菜之一，栽培面积很大。在我国抱子甘蓝虽与结球甘蓝同时期引进，但因其产量低、耐热性较差，栽培技术要求较高，在内地栽培面积不大，仅在我国台湾地区有少量种植。近年来，由于抱子甘蓝的小叶球鲜嫩味甘，营养丰富，其外形奇特、玲珑可爱、质地柔软，逐渐又引起人们的注意，作为一种珍稀特菜，发展较快。北京大兴地区已有种植基地。

一、抱子甘蓝的特征特性及主要品种

（一）抱子甘蓝的植物学特征与特性

抱子甘蓝是十字花科芸薹属甘蓝种的变种，两年生草本植物。抱子甘蓝与结球甘蓝在形态特征上相似，叶稍狭，叶柄长，叶片勺子形，有皱纹。主茎直立高大，株高 50～100cm；叶片小，近椭圆形，叶缘上卷呈勺形，叶表面褶皱，叶柄长，顶芽开放，不断抽生新叶，再经周围腋芽处自下而上不断生出小叶球，商品球一般似乒乓球大小，外形小巧，属微型蔬菜，以小叶球供食用。通过春化阶段后，在长日照、温暖的条件下抽薹开花，花及果实似甘蓝。抱子甘蓝喜冷凉气候，耐寒性很强。生长发育适温为 12～20℃。适于沙壤土或黏壤土栽培。

（二）主要品种

1．早生子持

日本引进的杂种一代，耐暑性较强，极早熟，从定植至收获90天，在高温或低温下均能结球良好。植株为高生型，株高 1m，生长旺盛，叶绿色，少蜡粉，顶芽能形成叶球。小叶球圆球形，横径约 2.5cm，绿色，整齐而紧实。每株约收芽球 90 个，且品质优良。

2．长冈交配早生子持

日本引进的杂种一代早熟种，从定植到收获约 100 天。植株矮生型，株高 42cm，植株开展，叶浅绿色。芽球圆球形，较小，直径 2.5cm 左右。

3．王子

由美国引进的杂种一代。植株高生型，株形苗条，小叶球多而整齐，可鲜销或速冻。从定植至收获 96 天，栽培方法与晚熟种结球甘蓝基本一样，不耐高温，在高温的夏季小叶球易松散。

4．科仑内

从荷兰引进的杂种一代。植株中等高，叶灰绿色。芽球光滑、整齐，可机械采收。中熟型露地春栽于 2 月上旬保护地育苗，3 月中旬定植，6 月下旬采收，如育苗定植则 130 天后采收。

5．多拉米克

从荷兰引进的杂种一代种子，中高型，生长茂盛苗壮。芽球光滑易采收，耐储藏，耐热性较强，适于春、初夏栽培。从定植收获 120～130 天。

6．京引 1 号

北京市农林科学院从国外引进的优良品种中选育的品种。中熟，从定植到收获需 120 天。矮生型，株高 38cm。叶片椭圆形，绿色，叶缘上抱。叶球圆球形，较小，紧实，品质好。

7．卡普斯他

从丹麦引进的早熟种。从定植至初收约 90 天。矮生型，株高约 40cm。叶片绿色，不向上卷。腋芽密，叶球圆球形，中等大小，绿色，质地细嫩，品质好，小叶球可分 2～3 次采收。

8．科仑内

从荷兰引进的杂种一代，中熟。露地直播时，3 月中、下旬播种，9 月下旬可采收；如育苗，则从定植至收获需 120～130 天。植株中等高。叶片灰绿色，小叶球光滑、整齐，可机械采收。

9．斯马谢

由荷兰引进的杂种一代。晚熟种，生长期长，从定植至采收需 130 天。植株中高型。叶球中等大小、深绿色，紧实，整齐，品质好。耐储藏，经速冻处理后，叶球颜色鲜艳美观。该品种耐寒性极强，适宜冬季保护地栽培。

10. 温安迪巴

由英国引进的杂种一代。中晚熟，从定植至收获 130 天左右。矮生型，株高约 40cm，植株生长整齐，叶片灰绿色。叶球圆球形，绿色，品质较好。

11. 探险者

从荷兰引进的晚熟种。定植后需 150 天收获。植株中高至高型，生长粗壮。叶片绿色，有蜡粉，单株结球多，叶球圆球形，光滑紧实，绿色，品质极佳。该品种耐寒性很强，适宜早春、晚秋露地栽培或冬季保护地栽培。

12. 摇篮者

由荷兰引进的杂种一代。中熟种，从定植到初收 110 天。高生型。茎叶灰绿色，小叶球圆球形，紧实，绿色，品质优良，单株结球较多。成熟期整齐一致，适于机械化一次性收获。

13. 增田子持

由日本引进的中熟种。定植后 120 天左右开始采收。植株生长旺盛，节间稍长，高生种，株高 100cm 左右。叶球中等大小，直径 3cm 左右。该品种不耐高温，可 7 月上旬播种，12 月上旬开始采收。

14. 佐伊思

从法国引进的中熟种。从定植至初收 110 多天。植株中生型，株高 46cm，生长整齐。叶扁圆形，绿色，平展。单株叶球较多，圆球形，紧实，绿色，品质好。

二、对环境条件的要求

1. 温度

抱子甘蓝喜冷凉的气候，耐寒力很强，在气温下降至

-4～-3℃时也不致受冻害，能短时耐-13℃或更低的温度。抱子甘蓝耐热性较结球弱，其生长适温为18～22℃，小叶球形成期最适温为白天15～22℃，夜间9～10℃，以昼夜温差10～15℃的季节或地区生长最好。

2．光照、水分及土壤营养

抱子甘蓝属长日照植物，但对光照要求不甚严格。光照充足时植株生长旺盛，小芽球坚实而大。在芽球形成期如遇高温和强光，则不利于芽球的形成。整个生长期喜湿润，但不宜过湿以免影响抱子甘蓝的生长。抱子甘蓝的种植需在土层深厚、肥沃疏松、富含有机质、保水保肥的壤土或沙壤土上。抱子甘蓝生长过程中氮、磷、钾不可缺少，尤其对氮肥的需要量较多，其适宜的pH值为5.5～6.8。

三、抱子甘蓝栽培技术

1．栽培季节与栽培方式

北京地区春季露地栽培要用早熟品种，2月上旬保护地育苗，3月下旬至4月初定植于露地，6月下旬收获完毕。秋季于6月中上旬育苗，早熟矮生种于7月下旬定植，10～11月收获；温室冬季栽培，于8月上旬播种，9月下旬定植，11月下旬始收，2月中旬结束。

2．育苗

抱子甘蓝多采用育苗移栽的方法，这样既可以大量地节省用种量，也能缩短作物在田间占地的时间。育苗需注意选择适宜的品种，培育健壮的苗。

（1）品种的选择：应根据本地区的气候条件和既有的农业设施和市场需要，选择适宜的品种。根据多年的实践，北京地区春季栽培宜选定植后约90～100天能成熟的早熟品种，如美国的王子、荷兰的科仑内、多拉米克、日本的早生子持、长冈交配早生子持等。

（2）用种量：抱子甘蓝种子千粒重 4g 左右，亩用种量为 10~15g，每亩定植 2000 株。

（3）播种期：根据栽培季节而定，一般苗龄 40 天左右，幼苗 5~6 片真叶时定植。早春气温低时苗龄会延长。

（4）育苗方法：最好采用穴盘育苗或营养钵育苗，精量播种，一次成苗。春季用 72 孔穴盘，夏秋季可用 128 孔穴盘。基质用草炭 1 份加蛭石 1 份，或草炭、蛭石、废菇料各 1 份，覆盖料一律用蛭石，每立方米基质加入 1.2kg 尿素和 1.2kg 磷酸二氢钾，肥料与基质混拌均匀后备用。若用 128 孔苗盘每亩需用 16 盘，基质 $0.06m^3$；用 72 孔苗盘则需 28~29 个，基质 $0.14m^3$。

播种前需检测发芽率。穴盘育苗采用精量播种，种子发芽率应大于 90% 以上，用温汤浸种法浸泡处理种子后播种。每穴放种子 1~2 粒，覆蛭石后约 1cm。覆盖完毕后将苗盘喷透水，以水分从穴盘底孔滴出为宜，使基质最大持水量达到 200% 以上。出苗后及时查苗补缺。

（5）苗期管理：早春育苗要注意保温，控制在 20~25℃ 的温度下，齐苗后注意放风。夏季育苗要防高温。60%~65% 3 叶 1 心后，结合喷水进行 1~2 次叶面喷肥。如果用苗床育苗，一般需二次成苗。苗床要选择通风良好、排灌方便的地块，每亩大田用种量 20~25g，播种面积约 $4m^2$，播种后浅覆土。夏秋季育苗，播种后要用黑色遮阳网在床面直接覆盖，再浇透水，保持湿润。种子开始出苗后及时撤去遮阳网，降温防雨。高温炎热的晴天要日盖晚揭，小苗 2~3 片真叶时，分苗一次约需苗床 10~13m^2。

3.　定植

（1）整地、施肥、做畦：抱子甘蓝生长期长，植株高大，种植的田块要早耕、深耕、晒垡，施入充足的有机肥。每亩施入腐熟的有机肥 3 000~5 000kg、复合肥 50kg。耕耘整平后做畦，畦的形式要根据土质、季节、品种等情况而定。如地势高，排灌方便的沙壤土地区，可开浅沟或平畦栽培；如果土质黏重、地下水位高、易积水或雨水多的地区，则宜做高畦或跑水的平畦。

（2）定植密度：早熟品种可做 1.2m 宽的畦种双行，株距 50cm，亩植 2 000 株。高生型每畦种 1 行，亩栽 1 200 株，早期行间可间套作短期蔬菜，如小白菜、樱桃萝卜、油菜等。

（3）定植：用穴盘或营养钵培育的苗，伤根少或不伤根，定植后成活率可达 100%。如果是用苗床育的苗，定植前一天要把苗地浇透水，次日带上土坨起苗，起苗后当天定植完毕。北京地区冬季保护地栽培，要用粗壮大苗，覆盖地膜后按株距打孔栽种。

4. 定植后的田间管理

（1）水肥的管理：幼苗定植后要经常浇灌水，以保证小苗生长对水分的需要。尤其是秋茬栽培，正是炎热高温季节，水的管理更显得重要。灌溉可以改良田间小气候，能起降温作用，减少蚜虫及病毒病的发生。定植后 4～5 天，结合浇水，施提苗肥，每亩用尿素约 5kg，以促苗快长。第二次追肥可在定植后 1 个月左右，以后在小芽球膨大期以及小叶球始收期分别再追肥一次，每次每亩用尿素 10～15kg，或用农家经腐熟的稀肥追施。植株生长中期，水分管理以见干见湿为原则。当下部小叶球开始形成时，又要经常灌溉，使土壤保持充分的水分。雨天要及时排水。

（2）中耕松土、除草：每次灌水施肥后要进行中耕松土、除草，并结合中耕进行培土，防止植株倒伏。

（3）整枝：当抱子甘蓝的植株茎秆中部形成小叶球时，即要将下部老叶、黄叶摘去，以利于通风透光，促进小叶球发育，也便于将来小叶球的采收。随着下部芽球的逐渐膨大，还需将芽球旁边的叶片从叶柄基部摘掉，因叶柄会挤压芽球，使之变形变扁。在气温较高时，植株下部的腋芽不能形成小叶球，或已变成松散的叶球，也应及早摘除，以免消耗养分或成为蚜虫藏身之处。同时要根据具体情况到一定时候摘去顶芽，以减少养分的消耗，使下部芽球生长充实。一般矮生品种不需摘顶芽。摘芽时间视需要而定。

5. 病虫害防治

抱子甘蓝的病虫害与结球甘蓝相同，所以不宜与甘蓝类作物重茬，主要病害有黑腐病、根朽病、菌核病、霜霉病、软腐病、黑斑病和立枯病等。要进行综合防治，如选用抗病品种、从无病植株采种，避免与十字花科蔬菜连作、适期播种、发现病苗及时拔除并结合药剂防治。防治病害的农药有代森锌、百菌清、波尔多液等杀菌剂。在华北，9 月份是黑腐病容易发生的时期，幼苗染病后子叶和心叶变黑且枯萎，成株叶片多发生于叶缘部位，呈"V"字形黄褐色病斑，病斑边缘淡黄色，严重时叶缘多处受害至全叶枯死。在高温高湿的环境下，宜每隔 7～10 天喷药一次预防。抱子甘蓝的虫害主要有菜粉蝶、菜蛾、菜蚜、甘蓝夜蛾、菜螟虫等。特别要注意防治蚜虫的危害，要及早治疗，因蚜虫侵入小叶球后难以清洗，严重地影响产品质量和产量，并传播病毒病。

6. 保护地栽培

（1）秋大棚栽培：在华北地区秋季利用大棚栽培，不仅能利用大棚遮挡强烈的阳光，还能防止暴雨的袭击，没有风吹雨涝的风险，秋末冬初能保温，为抱子甘蓝的生长提供更长的生长期，一次栽培成功，比露地栽培的条件优越，产量也较高。根据大棚的特点，可将抱子甘蓝的播种期提前到 6 月上旬，为防止高温影响抱子甘蓝的生长，宜在大棚内安装微喷以利于降温。用大棚栽培不需要考虑风雨的袭击，故可以开沟定植，可以不培土，摘顶芽的工作可推迟到 10 月下旬，使叶芽的芽数增加。

大棚栽培要注意钙的补给，因为抱子甘蓝需钙量较大。在用微喷灌溉时，常造成棚内土壤含盐量高，影响抱子甘蓝对钙的吸收。解决的方法是在高温期过后，改微喷为沟灌，灌水量要大，并叶面喷施 0.3% 的磷酸钙，或 0.3%～0.5% 的氯化钙，一周一次，连喷 3～4 次。其他管理可参照露地栽培进行。

（2）节能日光温室栽培：节能日光温室在秋冬春季能提供抱子甘蓝更适宜的生长条件、更长的生长时间，会获得更好的产量和优质的产品。播种期7～10月间均可。春节上市的可在8月上旬播种，9月下旬定植。使用品种除选用早熟品种外，还可用中熟品种栽培，摘顶芽的时间可根据具体情况和栽培条件进行，追肥的次数要增加，以防后期缺肥。收获期从11月收至第二年6月。

7. 采收及储藏

（1）采收：抱子甘蓝各叶腋所生的小叶球，是由下而上逐渐形成的，成熟的小叶球包裹紧实，外观发亮。早熟种定植后90～110天开始收获，晚熟品种需120～150天始收。每株可收40～100个，亩产量1000kg左右。

（2）储藏保鲜：将采收的小叶球用打了小孔的保鲜膜包装，每0.5～1kg装一袋，外用纸箱盛装放于95%～100%相对湿度下，可储存2个月。经速冻处理后可冷藏1年，仍能保持新鲜的品质；抱子甘蓝亩产1000kg左右，收入在8000～10000元。

抱子甘蓝营养十分丰富，经常食用有防癌作用。抱子甘蓝小叶球的食用方法很多，可素炒、素烧、荤炒、凉拌、做汤料、火锅配菜、泡菜、腌渍等，其风味独特，属特菜中名品。

（刘万兴）

第三节　玉米笋栽培工艺与管理

玉米笋作为一种特菜，近年来备受人们青睐。玉米笋（Zea mays L.），别名番麦笋，又称娃娃玉米（baby corn），起源于美洲大陆，为禾本科玉米，属一年生高茎作物。菜用玉米笋实际就是甜玉米细小幼嫩的果穗，一般在玉米刚刚开始抽丝时采收，再把苞叶和花丝全部剥掉剩下笋尖形状，长度10cm、宽约1.2cm，选没有鼓粒的幼嫩果穗食用。

玉米笋低热量、高纤维、无胆固醇，营养丰富，含多种氨基酸、糖、维生素和矿物质元素，清脆可口，别具风味，是宴席上的名贵佳肴；笋玉米的食品开发现已成为新的热点，导致玉米笋近年来在国际市场上逐渐走俏，销售前景看好。

一、玉米笋植物特性及主要品种

（一）玉米笋植物特性

玉米笋植株为须根系，根系发达、分枝旺盛。茎为中间型，16～18 节。株高 210～220cm，茎粗 1.5～2.3cm。叶互生排列，总叶片数 16～18 叶，短叶舌，叶片边缘呈波浪壮、表面有茸毛。雄花为圆锥花序，着生于植株顶端，花粉呈黄色。雌雄同株异花。雌穗为肉穗花序，着生节位 10～13 节，着生 4～8 个笋（主笋 2～4 个，侧笋 2～4 个）。在适时采摘情况下，笋长 5.5～12.0cm、横茎 1.0～1.8cm。未经授粉的鲜笋外观呈淡黄色，有光泽，子粒排列整齐，组织柔嫩有脆感，香味浓郁。

（二）主要品种

玉米笋种植品种选择，要遵循的总原则是品种的丰产性和品质优良性，果穗外观性状好，大小均匀一致，子粒排列整齐，适应当地生产生态条件，对流行主要玉米病虫害有较好的抗性等。目前主要品种有：

1. 冀特 3 号

石家庄市农业科学研究所育成。是多秆多穗型品种，采笋以主茎为主，单株生长果穗 3～4 个。株高 250cm 左右，最低至最高穗位 110～140cm。生育期 70 天左右，夏播 60 天。苗期有 2～3 个分蘖。该品种适应性强，长势健壮，抗病性强，根系强大抗倒伏。

2. 泰国玉米笋

根系发达，分枝旺盛。株高 210～240cm。茎有 16～18 节，粗 1.5～2.3cm。叶互生，共 16～18 片，最长叶 70～100cm，宽 7～10cm。穗位在 90cm 处。果穗圆柱形，长 16cm 左右，秃尖 1.1～2.0cm。苞穗长 19～23cm，直径 1.8～3cm，青绿色，质地柔软有弹性。

3．烟罐 6 号

为粮菜兼用品种。第一穗产粮，第二、第三穗产笋。株高约 230cm，穗位高 85cm，总叶数 19～21 片。玉米笋生育期 60 天左右，粮用玉米生育期约 100 天。根系发达，抗倒伏，抗病虫。玉米笋为淡黄色，宝塔形，笋长 6～10cm，粗 0.8～1.8cm。

4．鲁笋玉 1 号

由山东省烟台市农业科学研究所选育而成。株高 200cm，茎粗 1.9cm 左右，抗病抗倒，适应性广，属中晚熟多穗型笋玉米品种。在高产栽培条件下，单株可产笋 5～6 个，单笋重 6g 左右，笋形细长柱状，笋色金黄，符合罐头加工要求。

5．烟笋玉 1 号

由山东省烟台市农科所育成。属中晚熟多穗型杂交种。正常情况下，单株结笋 5 个，单笋重约 6.5g，笋形长筒状，笋色淡黄色，每亩种植密度为 5000 株左右，抗病抗倒，适应性强。

6．甜笋 101

由中国农业大学育成，为中早熟多穗型甜玉米杂交种。单株结笋 5～6 个，单笋重 6g，植株健壮，穗柄较长，笋色淡黄，外形呈宝塔形，抗病抗倒，适应性广。

7．冀特 1 号

石家庄市农业科学研究院玉米育种室以双穗率较高的冀 432 为母本，多穗型垦多二为父本，于 1986 年杂交选育而成的国内第一个菜用玉米新品种。1988 年开始大面积推广应用，并在河北、河南、浙江、广西、山东、四川、新疆等 12 个省、市的 30 多个厂家应用。1990 年通过河北省农作物品种审定委员会审定。命名为冀特 1 号笋玉米。是国内首次通过省级审定的笋玉米新品种，填补了菜用玉米的空白。

8．石多 3 号

笋玉米石多 3 号选用石家庄市农业科学研究院自选系石 2378 为母本，石 5106 为父本，于 1994 年杂交选育而成的又一菜用玉米新品种。1996 年进行大面积试验、示范、推广应用。现已在河北、河南、吉林、黑龙江等地逐年扩大种植面积。

二、玉米笋对环境条件的要求

1．温度条件

玉米笋属感温型作物，播种至菜笋形成总有效积温为 1800 ~ 2800℃。种子发芽最低温度 10 ~ 12℃，最适为 25 ~ 30℃。当地温低于 4 ~ 5℃时根系生长完全停止，20 ~ 24℃是根系生长的适宜温度。玉米雄穗开花适温为 25 ~ 28℃，低于 18℃或高于 38℃时不开花。开花适宜的相对湿度为 70% ~ 90%。超过 30℃和相对湿度在 60% 以下时开花甚少。温度超过 32℃，花粉会很快丧失生活力。灌浆最适温度为 20 ~ 24℃。

2．光照条件

玉米生长需要强光照，而对光照时间长短要求不严。在强光下，茎秆生长慢而健壮；在弱光下，促使植株向高处生长，株高增加，节间变细，易倒伏。因此，种植密度过大时，群体内光照变弱，植株细而高。

3．水分条件

播种出苗期要求土壤湿润，保证水分供应。苗期较抗旱、怕涝、较耐冷，适当减少土壤含水量可以促进根系深扎，提高抗倒抗旱能力。拔节以后，玉米喜湿怕旱怕风，适宜土壤含水量为 70% ~ 80%。其中大喇叭口期至开花后 10 ~ 20 天时间内，对水分最敏感，如果此时干旱，将造成严重减产。

4．养分条件

在底肥亩施腐熟畜肥 1000 ~ 1500kg 的基础上，玉米一生共需施用化肥：尿素 30kg 左右、磷肥 30kg 左右、钾肥 7.5～10kg。苗期对氮磷钾的吸收量约占 10%，拔节至抽雄期占 50% 以上，是肥料施用的最大效率期，尤其是大喇叭口到抽雄的 10 天时间内，是玉米一生中吸肥速度最快、数量最多的时期，施肥作用最大，此期施肥人称"攻蒲肥"，是玉米施肥的关键时期。抽雄至乳熟期吸肥量约占 30%～40%。

5．土壤条件

一般以深厚、疏松、通气性好、养分充足的沙壤或壤土为宜，pH 值在 6.5～7 之间。

三、玉米笋的栽培技术

1．选地整地

凡是能种普通玉米的地方均可种植笋玉米，但要求选用水源充足、土壤肥沃、排水良好的沙质壤土栽培最好。要及时耕作，细致整地，达到土壤疏松、平坦细碎，以保墒保苗。

2．适期播种

笋玉米的播期要考虑市场的需求和收获期。它与普通玉米的不同在于要分期播种和有严格的收获期。因此，确定适宜的播期，对提高播种质量尤为重要。一般来讲，当气温稳定在 10℃ 时就可以播种，最迟的播期只要能保证采笋时的温度不低于 18℃ 即可。由于笋玉米与收子粒的普通玉米生产相比要早收一个生育阶段，春播只需 60～80 天，夏播只需 50～60 天。

3．合理密植

亩施有机肥 2500～3000kg、复合肥 30kg 和过磷酸钙 20kg 作基肥，采用大小行种植方式，大行 80～90cm，小行 50～60cm，株距 25～30cm，播深 3～5cm，种植密度一般为 4000 株/亩，注意不能与其他玉米一起种植，要求隔离距离 300～400 米或播期错开半个月以上种植。

4．田间管理

（1）定苗：出苗后长至 5～6 叶期要间苗、定苗，大喇叭口期要拔除小弱株，并及时中耕除草，促进壮苗形成。

（2）水肥：苗期土壤田间持水量应控制在 60%～70%，8 叶展开期至采笋期，田间持水量应控制在 75%～85%。施肥原则是及时施小苗肥，重施拔节肥和穗肥，适当根外追肥。每次施肥后结合培土防倒伏，注意不能把肥料散落到叶面或喇叭口内，以免烧苗。8～9 叶期施拔节肥，每亩用尿素 15kg、钾肥 2kg 埋于株间处；大喇叭口期到抽雄前 7 天亩用尿素 30kg、氯化钾 10kg 埋于行间；期间可视情况进行根外追肥，喷施绿芬威 2 号或磷酸二氢钾 1000 倍液。

（3）植株管理：笋玉米分蘖较多，稀植时分蘖特别多，必须及时彻底打杈，促进其养料给笋发育，同时为避免雄穗消耗营养，在雄穗抽出后应立即拔出。

5．病虫防治

在玉米笋生产过程中，要注意选用抗病品种、实行轮作倒茬、加强栽培管理，以增强植株抗性，尽量避免病虫害发生。下面列出几种常见病虫害防治方法：

（1）黏虫：可用 2.5% 敌百虫粉剂，每亩喷 2～2.5kg，或 2.5% 敌百虫粉 2kg 左右对细土 10～15kg，拌匀后顺垄撒施，防老龄幼虫；或 90% 晶体敌百虫 1000～2000 倍液、80% 敌敌畏 2000～3000 倍液喷雾，效果都很好；或用 2.5% 溴氰菊酯乳油、20% 速灭杀丁乳油 1500～2000 倍液防治。

（2）玉米螟：可用 10% 甲拌辛颗粒剂，亩用 0.5～1kg，对 5 倍细沙，制成毒沙，撒在玉米心叶内或用 50% 的敌敌畏乳剂 0.5kg，加水 500～600L，在雌穗苞顶开一小口，注入少量药液。

（3）地老虎：将 0.5kg90% 晶体敌百虫用热水化开，加清水 5L 左右，喷在炒香的油渣上（也可用棉子皮代替）搅拌均匀即成。每亩用毒饵 4～5kg，于傍晚撒施诱杀。

（4）玉米蚜：可用 40% 氧化乐果 1500 倍液，或 50% 敌敌畏 1000 倍液，或 50% 抗蚜威 3000 倍液，或 2.5% 敌杀死 3000 倍液喷雾。

（5）玉米大/小斑病：用 50% 多菌灵可湿性粉剂或 70% 甲基托布津可湿性粉剂 500 倍液，或 90% 代森锰锌可湿性粉剂 800 倍液，每亩 50～75kg，加水 75kg 喷雾。

（6）玉米黑穗病：选用 15% 粉锈宁可湿性粉剂或 10% 羟锈宁可湿性粉剂，或 50% 甲基托布津可湿性粉剂，按种子重量的 0.3%～0.5% 拌种。

6．适时采收

玉米笋的最佳采收期为生长锥伸长末期至小穗分化期，即雌穗吐丝后 2～3 天，笋长 8～10cm 时。采收时，用小刀轻轻在穗柄处割下，一般每株可分批采收 2～3 个玉米笋。一般良好的一级玉米笋产品呈圆锥形，鲜嫩、乳黄色，形态端正、无折断、无花丝、无畸形、无污染，长 5～7cm，基部直径 1～1.4cm，单笋重 5～7g。二级品笋长 7.1～10cm，基部直径 1.4～1.8cm，单笋重 7.1～10g。

玉米笋属劳动力集密性种植业，在我国有较好的发展前景。以泰国的笋玉米品种为例，在当地一年可生产 6 季，每季可亩产鲜笋玉米 150kg，每公斤笋玉米在 15 美元左右，则每亩收益 2250 美元（人民币 1.7 万元左右）。作为新型果种植项目，玉米笋是一项农民致富的好门路。

玉米笋除了作为宴席上的名贵佳肴之外，笋玉米的食品开发也已成为新的热点，特别是生产制作玉米笋罐头，经济效益高，工艺简单，是一项极其适用的农副产品加工项目。我国劳动力资源丰富，发展笋玉米笋种植及其深加工有相对优势，有条件的地区，可重点关注这一新型果菜项目。

（王铁臣）

第四节　方形西瓜栽培工艺与管理

　　方形西瓜是近年来西瓜家族的一枝新秀。由于它的形状为方形，皮厚瓤少，外形新颖，摆着好看，吃着并不叫好，所以，这种瓜更多的时候作为西瓜节或旅游观赏之用。

一、方西瓜生育期

　　西瓜生长发育过程具有明显的阶段性，不同时期形态发生、生理作用、环境要求不同。同时，各时期又互相联系，互为影响。栽培上既要区分不同阶段的特性，又要兼顾整个生育周期的连续性，以充分满足西瓜生长发育的需要。按西瓜各生育阶段特点不同可划分为发芽期、幼苗期、抽蔓期、结果期四个时期。

1. 发芽期

　　从播种至子叶充分展开，第一片真叶露心即"两瓣一心"时为发芽期。此期约需 8～10 天。栽培上应创造种子发芽所需的适宜条件。首先，发芽最适温度为 28～30℃，低于 15℃不能发芽，高于 30℃虽发芽快，但幼芽细弱，抗逆性差。其次，要求水分适量，吸水量相当于种子重量的 60%～70% 为宜。供水不足，特别是种子露白时水分少，易产生芽干现象；水分过多，氧气不足，种子难以正常萌芽。第三，充足的氧气是西瓜种子发芽的必备条件，生产上应严格调控。总之，发芽期栽培上要控制好温、湿度，保持土壤良好的通透性，促进种子迅速萌发，防止幼苗徒长，为培育壮苗打好基础。

2. 幼苗期

　　从"两瓣一心"开始到团棵期为幼苗期。此时，植株展开 5～6 片真叶，并顺次排列成盘状。幼苗期一般需 25～30 天。这个时期叶片分化较快，但叶片生长和叶面积扩大较慢，而根系却伸长迅速，同时进行花芽分化。因此，栽培上，首先应进行多次中

耕，以保持土壤疏松，尽量覆盖地膜以增加土壤温度，促进根系生长与侧根分化。其次注意肥水管理，缺水时采用"浇小水，浇暗水"方式以免降低地温。幼苗生长到 4～5 片真叶时，可追施一次速效氮肥作提苗肥。

3．抽蔓期

从团棵到留果节位的雌花开放为抽蔓期。一般从团棵至第一朵雌花开放，约需 18 天左右，以后每隔 3～4 天开一朵雌花。抽蔓期节间迅速伸长，植株由直立状态变为匍匐状态，叶片生长和叶面积扩大极快，4～5 天即出现一片大叶。在蔓、叶生长为主的同时，根系伸展速度逐渐缓慢，抽蔓结束，根系基本建成。抽蔓期依据生长特点不同，可分为抽蔓前期和抽蔓后期。前期应促使蔓、叶充分生长，为以后的开花结果打好基础。栽培管理上以促为主，当蔓长 30cm 左右时，追施饼肥或复合肥，促蔓生长；抽蔓后期一方面叶、蔓继续旺盛生长；另一方面正值开花坐果，既要为果实提供物质基础，又要适当防止营养生长过旺，以免延迟或影响开花坐果，栽培上应以控为主，采用整枝、压蔓、控制肥水等措施，防止疯秧和化瓜。

4．结果期

从坐果部位的雌花开放到果实充分成熟时为结果期。此期约需 30～40 天，根据果实形态变化及生长特点的不同，结果期又分前期、中期和后期三个时期。

二、方西瓜对环境条件的要求

1．温度条件

西瓜原产南非热带沙漠地区，属耐热性作物。在整个生长发育过程中要求较高的温度，不耐低温，更怕霜冻。西瓜生长所需最低温度为 10℃，最高温度为 40℃，最适温度为 25～30℃。但不同生育期对温度要求不同，种子发芽期适温为 28～30℃，幼苗期适温为 22～25℃，抽蔓期最适温为 25～28℃，结果期为 25～

32℃较宜，其中开花期为25℃，果实膨大和成熟期为30℃左右较好。从雌花开放到果实成熟积温为800~1000℃，整个生育期需积温为2500~3000℃。因此，果实生育期间，在适温范围内，温度越高，果实成熟越早，且品质越好。

2. 光照

西瓜属喜光作物，生长期间需充足的日照时数和较强的光照强度，一般每天应有10~12小时的日照，光照充足，植株生长健壮，茎蔓粗壮，叶片肥大，组织结构紧密，节间短，花芽分化早，坐果率高；光照不足，阴雨连绵，植株细弱，节间伸长，叶薄色淡，光合作用弱，易落花及化瓜。

3. 水分

西瓜叶蔓茂盛，果实硕大且含水量高，因此耗水量大。西瓜不同生育期对水分要求不同。发芽期要求土壤湿润，以利种子吸水膨胀，顺利发芽；幼苗期适应干旱能力较强，适当干旱可促进根系扩展，增强抗旱能力，减少发病，促进幼苗早发；抽蔓前期适当增加土壤水分，促进发棵，保证叶蔓健壮；开花前后适当控制水分，防止植株徒长，跑蔓化瓜；结果期需水最多，特别是结果前、中期果实迅速膨大，应及时供应充足的水分，促进果实迅速增长。果实定个儿后，应及时停水，以利于糖分积累。

4. 土壤

西瓜适宜中性土壤，但对土壤酸碱度适应性较广，在pH5~7范围内均可正常生育。西瓜对盐碱较为敏感，土壤含盐量高于20%即不能正常生长。此外，土壤过分黏重，地下水位过高，地势低洼、容易积水的地块及重茬地，均不宜栽种西瓜。

5. 肥料

西瓜生长期短，生长快，单位面积产量高，需肥量大。西瓜在整个生育期对氮、磷、钾的吸收量以钾为最多，氮次之，磷最少。但不同生育期对三者需要量和吸收比例不同。在西瓜的生育期中，应该基肥和追肥并用。

三、方西瓜栽培技术

1. 瓜地选择

方西瓜栽培属于特殊栽培，技术性要求很强，采取保护性等综合配套措施，更易获得成功。瓜地应选择地势高燥、土层深厚、土质疏松肥沃、排水方便、阳光充足、运输方便的地块进行种植。最好在塑料大棚内进行栽培，以提高成品率。

2. 整地做畦　施足基肥　浇足底墒水

早春解冻后，平整瓜地，按行距 1.4～1.5m² 开挖瓜沟，沟深、宽各 30cm。在沟内每亩施优质腐熟的农家肥 4000～5000kg，氮磷钾三元复合肥 50kg，或者用西瓜专用肥 50～60kg，并喷洒锌硫磷消毒，合垅做畦，灌足底墒水，及时覆膜，此项工作应在定植前 7 天完成。如果是利用冬闲大棚，应在冬前深耕 25cm，进行冻袋，使土壤疏松。将底肥的一半全面撒施，再翻入土中，整平后按上述方法开沟集中施肥和做畦，在整地时，应将前茬作物根系拣出棚外。

3. 西瓜类型和品种选择

栽培方西瓜，品种应选择不易裂果的圆果形西瓜品种为好，如航兴二号、航兴三号和京欣类型的西瓜品种，皮色选花皮、黑皮、黄皮均可，可根据市场需求和当地习惯进行选择。

4. 播种育苗

（1）播种时间：计划定植时间向前推 25～30 天即为播种期。如北京地区大棚栽培，一般在 2 月中、下旬播种育苗。

（2）选种晒种：浸种催芽前要进行严格的选种淘汰劣种次种，并在阳光下晒半天。

（3）浸种催芽：种子先用 55℃的温水浸种，边浸边搅拌，当水温降至 30℃左右时，再浸泡 4～6 小时，然后把种子捞出用纱布包好，放于 28～30℃的恒温条件下催芽。24～36 小时即可播种。

（4）选芽播种：播前先装好营养土，育苗土以肥沃园田土6份、腐熟有机肥4份，过筛混匀装入8cm×8cm营养钵中，播前一天应将营养钵浇透水，播种当天用甲基托布津对营养土进行消毒，选择粗壮、鲜白、长度在0.5cm左右的健壮幼芽播种，种子平放避免"戴帽"出土，每钵播1粒种子，边播边覆1～1.5cm的营养土，用塑料膜盖好，保温保湿。

（5）加强苗床管理培育壮：播种后苗床棚膜盖严，保持较高的棚温，促进出苗，此时温度保持白天28℃左右，夜间20℃左右，3～5天后就可出苗。出苗后及时撤除薄膜，适当降低苗床的温度和湿度，防止死苗和徒长，白天棚温控制在25℃左右，夜间控制在18℃上下，及时去壳摘帽。苗床内视墒情浇水，床面发白干旱时应适量浇小水，浇水时间最好在上午时间进行。结合浇水灌1～2次苗菌敌，防治猝倒病。定植前一周低温炼苗，增加抗逆性。

5.定植

（1）定植时间：北京地区一般在3月中、下旬定植，移栽前将幼苗进行分级筛选，选留植株健壮、胚轴短粗、叶色深绿、大小一致、无病虫害的幼苗在晴天上午定植，定植时穴盘苗不能过干，要保持一定的湿度，移栽时注意不要伤苗的根系。定植后浇定根水，可以结合5000倍液的绿亨1号或2000～3000倍液的甲基托布津浇灌，以防土壤苗期病害发生。定植时不能种植过深，否则易引起西瓜不定根发生，植株抗病性降低。

（2）定植密植：每亩栽培密度视种植的品种和整枝的方式有所不同，一般为600～750株，大棚内过度密植是不合适的，特别是在春季阴雨多、光照弱的地区。

（3）定植方法：先在扣膜的畦面按株距划出定植穴位，然后选晴天定植，在上午9时至下午3时栽完。定植穴的大小应与土坨或营养钵大小相适应。然后向穴内浇适量底水，待水刚渗下时即栽苗。栽苗时先小心脱掉塑料钵，将完整土坨栽入定植穴内，

使土坨表面与畦面平齐或稍露出。摆正瓜苗后即填土。沿土坨四周用手将填入的土轻轻压实，也可在定植当日暂不封窝，次日再补浇一次小水后封窝，以利于缓苗。全棚栽完后，可清扫畦面，并在垄面上插小拱架，其上扣薄膜，呈一条龙式小拱棚。由于大棚内无风，故拱架可简单些，小拱棚也可用地膜覆盖，并且不必压得很牢，以便天暖时昼揭夜盖。为了补苗，棚内应同时多栽一些后备苗。为了使定植当日能提高土温，最好在下午 2～3 时前定植完毕。

6. 定植后的田间管理

（1）温湿度和光照管理：定植后 5～7 天内，要注意提高地温，促进缓苗。缓苗后可开始通风，以调节棚内温度，一般白天不高于 30～32℃，夜间不低于 15℃，此期间可通过开闭天窗来控制棚温，苗小小通风，苗大大通风，晴天多通风，阴天少通风，当瓜蔓长 30cm 左右时，可撤去小拱棚。大棚西瓜盛花期，应保持光照充足和较高夜温，因为若在人工授粉后夜温低，则造成落果和影响果实肥大。外温超过 18℃ 时，应加大通风，天窗和棚两侧同时通风，保持白天不高于 30℃，防止过高的日夜温差和过高的昼温。

大棚内空气相对湿度较高，在采用地膜覆盖的条件下，可明显降低空气湿度。一般在西瓜生长前期棚内空气湿度较低，但在植株蔓叶封行后，由于蒸腾量大，灌水量也增加，使棚内空气湿度增高。白天相对湿度一般在 60%～70%，夜间达 80%～90%。为降低棚内空气湿度，减少病害，可采取晴暖白天适当晚关棚，加大空气流通及行间铺草降低土面蒸发等措施。生长中、后期，以保持相对湿度在 60%～70% 为宜。

西瓜要求较强的光照强度，但由于大棚的棚膜表面结露珠或表面不洁净，棚内的光照强度降低，特别是在多层覆盖情况下。因此，应注意保持棚膜洁净，不要用透光很差的旧棚膜，以增加采光量。大棚密闭条件下空气中二氧化碳含量严重不足，影响光合作用的正常进行和同化产物的积累，要及时通风。

（2）肥水管理：肥料追施原则应是轻施苗肥、淡肥促根，巧施伸蔓肥，重施膨瓜肥。缓苗期间可以喷 1～2 次 0.1%～0.2% 的磷酸二氢钾（也可以同时添加 0.1% 尿素），即提苗肥，主要起到壮苗作用，提高移栽成活率。伸蔓期，应根据苗的长势适当追肥，要控制氮肥、配施磷肥、增施钾肥。为促进果实迅速膨大和保持植株生长势，幼瓜长至鸡蛋大小时开始追施膨瓜肥，每亩用量为 10～15kg 尿素或三元复合肥，分两次施，第一次和第二次间隔 7～10 天。西瓜采收前 20 天，应停止施肥。大棚西瓜前期浇水不宜过大。一般在缓苗后，如地不干，可以不浇水；若过干时，可顺沟灌一次透水。此后保持地面见湿见干，节制灌水，提高地温，使瓜秧健壮。西瓜整个生长期浇水至少 2～3 次，西瓜伸蔓后叶片增多，日照时间长，需水量加大，需浇一次"伸蔓水"。授粉前，控制浇水，开花坐果期不浇水，以利坐果。当幼瓜长至拳头大小时，浇膨瓜水，以后可根据当时的气候和土壤墒情决定是否浇水，采收前一周停止浇水。

水肥管理应该根据当地的土壤气候条件、瓜秧长势合理控制西瓜肥水，做到追控结合，灌排结合。

（3）整枝理蔓：一般采用双蔓整枝，当主蔓 50～60cm、侧蔓 10～20cm 时进行整枝理蔓，保留主蔓，并在主蔓基部选择一条健壮的侧蔓，其余侧蔓（特别是基部子蔓）一律摘除。因栽培密度、整枝方式和移栽行的位置不同，蔓的走向有所不同，要注意蔓与蔓摆布均匀、不重叠、叶片之间相互不遮阴。理蔓每隔 3～5 天进行一次，调整瓜蔓的方向，使其分布均匀，压蔓时，主、侧蔓相对并进，两棵瓜秧中间留出较大的空间给后面的瓜秧生长。瓜秧爬过垅后，要及时把龙头领入前垅瓜秧的叶片下面，让新生叶片从叶缝中钻出来，避免前后瓜秧互相遮盖。瓜蔓放平伸直，均匀合理地分布在田间，叶片通风透光，增强光合作用和抗病能力。为了固定瓜秧，可以用瓜铲将土壤铲松、拍平，把瓜蔓埋在地下。也可用土块或树枝等把瓜蔓固定在地面上，以后每隔4～6

节压一次，需压 2~3 次。

整枝一般选在晴天进行，整枝后喷一次杀菌剂防病（可以用 1000 倍的百菌清或 800 倍的绿亨 2 号等）。坐瓜后一般不再整枝。让瓜藤放任生长，即"先控后放"。留瓜节位后长出的少量侧枝，制造的同化产物，对果实的膨大有积极的意义。留瓜 1 个，在幼瓜如鸡蛋大小时选留瓜，去小留大、去除畸形的留圆整。待主蔓长至 28~30 节时打顶。

（4）人工辅助授粉：授粉时间晴天应在上午 8~9 时进行，阴天雄花散粉晚，授粉时间可延长到 10：30~11 时。授粉方法是采下当天开放的雄花，撕去花冠将花粉粒轻轻涂抹在当天开放的雌花的柱头上，授粉量要多，涂抹要均匀，操作时不要碰伤雌花的子房和雌花上的茸毛。授粉节位应选用主蔓第 2~3 朵和侧蔓第 1~2 朵雌花授粉，并注明授粉日期。

7. 选瓜留瓜和罩瓜

为使瓜形端正，应选留第二雌花上坐的瓜，留瓜过早瓜小且形不正，一般授粉后 3~5 天，瓜胎即明显长大，要优先在主蔓上留瓜；主蔓上留不住，可在侧蔓上留瓜。当瓜长到碗口大约 0.5kg 时，应及时进行选瓜留瓜。方形西瓜是在西瓜未长成之前，将它装进方盒子内培育而成的。趁西瓜在幼果时便把它置于事先制好的长、宽、高均为 15cm（尺寸也可根据西瓜品种自身大小而定）的正方体有机玻璃模具中，然后任其自然生长即可；也可用方形的木框把幼瓜罩住，随着西瓜的生长木框一点点放大，最后，培育出方形的西瓜。这种西瓜每个 4kg 左右。

8. 病虫害防治

防治病虫害要做到早预防、早发现、早治疗，提高防治效果。坐果后，高温高湿常发生炭疽病、枯萎病、叶枯病等，应及时喷洒百菌清、代森锰锌、甲基托布津等药防治。膨瓜期应开始防治炭疽病，在生长中后期注意加强通风和降低棚内空气湿度，可大大减轻西瓜病害。大棚西瓜生长期主要害虫为蚜虫，为防治蚜虫，可在定植前于苗床先喷 DDV + 乐果（1∶1）2000 倍液。膨瓜盛期，棚内蔓叶茂盛，空气流通较差，蚜虫发生较重，必须注意严密打药防治。主要病害有白粉病，应及早防治。大棚西瓜由于西瓜果实处于良好保护条件下，受光良好，因而果形端正，皮色鲜艳，无阴阳面，可生产出高质量的方形西瓜。

9. 采瓜收获

当瓜体充满模具，变方正时即可采收。

第五节　刻字南瓜栽培技术

随着人们生活水平的提高，刻字南瓜的市场需求会逐年增大，特别是观赏南瓜种类繁多，体型千姿百态，大小不一，它们有的小巧可爱，也有的巨大如磨盘，在其表面刻上刻字、留名、表达想法寄托、美好祝福、期望之语，看起来喜庆，让人过目难忘，是馈赠亲朋的好礼物。

由于刻字南瓜其观赏性别具一格，而且具有较高的欣赏品位；南瓜适应性强，栽培技术简单，刻字后市场售价是普通南瓜的 3 ~ 5 倍甚至更多，因此刻字南瓜具有广阔的市场开发前景。

一、刻字南瓜的品种选择

刻字的南瓜品种要选择果面光滑、果型周正、皮色鲜亮或其他适于刻字的南瓜品种。如红色艳丽的巨型南瓜、东升南瓜、香炉瓜、白蛋、金童、玉女等品种，在其果面均可刻字。

1. 巨型南瓜

巨型南瓜植株长蔓型，晚熟，坐果数量少。果实磨盘状或短圆柱状，颜色灰黄色或橙黄色，果面光滑并有宽棱沟，果实直径达 50 ~ 100cm，单果重量 50kg 以上。可于果面上写诗、作画、刻字等。由于其果型巨大，非常引人注目。除作观赏外，也可作为牲畜饲料之用，但由于其品质差，一般不适合人食用。

2．福瓜

又名五福瓜、香炉瓜、灯笼瓜、五彩瓜等，植株长蔓型，株幅大，一般为主蔓结果，结果少，果型较大，中晚熟。果实上圆下方，果实底部呈小包突起，形似香炉之"脚"。果实纵径 11～13cm，横径 15～20cm，单果重 1.5～3kg。颜色丰富多彩，果实上部为红色或橙红色，其皮光滑，果实下部为白色或灰绿色，或呈现出美丽的黄、绿、白条带状相间的颜色，耐储性好。其果实形状和颜色均很特别，可于果实上部刻字或刻画吉祥图案以供观赏，观赏价值极高，果实亦可食用。

3．东升

东升植株长蔓型，叶片颜色深绿，分枝中等，易坐果，主蔓结果，第一雌花着生于主蔓第 7～8 节。果实扁圆球形，纵径 10～12cm，横径 12～15cm，单果重 0.6～1.2kg，幼果黄绿色，老熟果橘红色，具 10 条浅色条带，似挂起的红灯笼，美观艳丽。果肉较厚，粉质含量高，是一种既可观赏又非常适合食用的优良印度南瓜品种。

4．白蛋

白蛋植株长蔓型，株幅较小，主侧蔓均可结瓜，早熟。其果实形如鹅蛋，乳白色，果面光滑。果实纵径 10～18cm，横径 7～10cm，单果重 150～200g。只作观赏用，观赏价值较高。

5．金童

金童表皮橙黄色，扁圆形，表面有纵向棱沟，外形美观，单瓜重 100g 左右，连续结瓜性好。金童，又名玩具瓜。植株长蔓型，株幅小，主侧蔓均可结果，易坐果，早熟。果实扁圆球形，有明显的棱纹线，果实小巧可爱，果实纵径 5～6cm，横径 7～8cm，单果重 100g 左右。嫩瓜墨绿色、绿色、白色，其对应的老熟瓜颜色分别为橙黄色、黄色、浅黄色。可在果表凸起处刻上小字，增加文化内涵，使其更具观赏价值。

6．玉女

又叫白色迷你。植株长蔓型，株幅小，主侧蔓均可结果，易坐果，早熟。果实扁圆球形，棱纹凸起明显，果实纵径 5 ~ 6cm，横径 7 ~ 8cm，单果重 100 ~ 200g。嫩瓜浅白色，老熟后雪白色，形似大蒜头，硬度大，极耐储藏。可在果表凸起处刻上小字，增加文化内涵，使其更具观赏价值。

二、环境条件的要求

1. 温度的要求

南瓜的种子在 15℃以上开始发芽，适宜的发芽温度为 20 ~ 25℃。南瓜植株生长的适宜温度为 25 ~ 30℃。当环境温度下降到 15℃时，南瓜植株的生长将受到阻碍。苗期时，如果环境温度下降到 0℃，南瓜幼苗就会遭受冻害。虽然南瓜植株对高温有一定的抵抗能力，但是当平均温度超过 25℃时，植株生长将受到明显抑制。如果此时再赶上干旱，植株就极有可能感染蚜虫传播的病毒病。

2. 水分的要求

由于南瓜具有比较强大的根系，所以抗旱能力较强。但同时也要注意到，南瓜植株叶片面积大而数量多，蒸腾作用较强，消耗的水分较多，在连续干旱的情况下，极有可能引起死亡。因此，只有充足的水分供应，才能取得较高的产量。

3. 光照的要求

南瓜喜爱强光照，当光照强度上升 1 倍时，南瓜茎蔓的日生长量上升。同时，开花结果期提早 7 ~ 10 天。南瓜属于短日照植物，每天少于 8 小时的短日照，有利于南瓜雌花的分化和形成。在短日照下则雌花多且节位低，相反，长日照有利于南瓜雄花的分化和形成。在长日照下，雄花多；在早春育苗时，由于夜间环境温度低，必须进行覆盖保温，致使实际的日照时数较短，不必另外进行遮光处理。但是，在夏季育苗时，日照时间相对延长，不利于南瓜雌花的分化和形成，应在出苗后采取遮光措施进行短日照处理，每天 16 时到次日 8 时遮光，连续进行 10 天，以促进南瓜雌花的分化和形成。

三、刻字南瓜栽培技术

1. 选地和整地施肥

观赏南瓜根系强大发达，分布深广，吸肥力强，对土壤条件的要求不高，无论平原、丘陵、山地均可种植。人们常常喜欢在房前屋后、田边地头零星地种植一些南瓜。但如果要进行南瓜商品生产，还是应选择耕层深厚、土壤肥力较高、通透性较好，排水良好不积水，有灌溉条件的壤土至轻松的沙质壤土最为理想，土壤湿度 70% ~ 80%，土壤 pH 值以 5.5 ~ 6.8 之间为宜。浅翻细耙，捡除杂草、石块、草根，灌足底水。

南瓜地肥料的施用，可根据栽植密度，结合耕翻做畦，以种植畦开沟条施为好。中等肥力的土地，一般每 $667m^2$ 使用腐熟的有机肥 1500 ~ 2000kg，三元复合肥（氮 15%、磷 15%、钾 15%）30 ~ 35kg，将土壤与肥料混合均匀。而保护地早熟栽培则应加大施肥量，每 $667m^2$ 施有机肥 2000 ~ 3000kg，三元复合肥（氮 15%、磷 15%、钾 15%）35 ~ 40kg。

2. 播种育苗

大棚和露地均可栽培，播种时间根据当地的终霜早晚而定。有加温降温设施的一年四季均可栽培。露地栽培，一般春季 1 ~ 2 月播种，秋种在 7 ~ 8 月播种。北京地区大棚栽培，一般在 3 月中、下旬播种。种子先用 55℃ 的温水浸种，边浸边搅拌，当水温降至 30℃ 左右时，再浸泡 4 ~ 6 小时，然后把种子捞出用纱布包好，放于 28 ~ 30℃ 的恒温条件下催芽。24 ~ 36 小时当芽长 1mm 时即可播种。观赏南瓜种子价格较高，因此最好用营养钵或营养土块育苗，播前先装好营养土，育苗土以肥沃田土 6 份、腐熟过筛的有机肥 4 份混匀装入 10cm × 10cm 营养钵中，种子平放避免"戴帽"出土，每钵播 1 粒种子，然后盖 1 ~ 1.5cm 厚的营养土，用塑料膜盖好，保温保湿。此时温度保持白天 28℃ 左右，夜间

20℃左右，3~5天后就可出苗。出苗后及时撤除薄膜，适当降低温度，以免幼苗徒长。白天棚温控制在25℃左右，夜间控制在18℃上下。结合浇水灌1~2次苗菌敌，防治猝倒病，定植前一周降低温度炼苗，以提高幼苗的适应性。

3. 定植

定植时间应在晚霜期过后，一般为4月底5月初。苗龄15~20天具有1~2片真叶的幼苗为宜。种植密度和做畦方式与栽培方式和整枝方式有关，南瓜为蔓生植物，因此多采用搭架栽培，密度不宜大，每亩栽1200株左右（巨型南瓜地爬栽培，一般株行距 = 0.6m×6m），定植选晴天傍晚，注意保留育苗土完整，不伤根，夏季定植要搭遮阳网覆盖，防止烈日晒死幼苗。

4. 田间管理

（1）温度管理：定植到缓苗前进行闭棚增温，尤其是夜间应加盖草帘防寒。缓苗后注意适当通风，白天温度维持在25~28℃，超过30℃时通风降温，晚上温度维持在12~15℃。

（2）浇水管理：定植到缓苗前严格控制浇水，结合闭棚措施提高气温和地温，促进生长加速缓苗。缓苗后浇催蔓水，每株一浇，切忌大水漫灌。结瓜后要保持土壤见干见湿，严防土壤干旱影响膨瓜，造成减产。采收前10天停止浇水。

（3）施肥管理：定植7天后，可用3%的稀复合肥液淋施，促发新根；抽蔓开花前，每7天淋一次3%的复合肥液，使植株生长健壮；开花至坐瓜期要控制水肥，促进植株生殖生长和坐瓜。一般在坐2~3个瓜后，每亩施入腐熟有机肥150kg，复合肥10kg。注意控制氮肥的施用量，避免南瓜徒长而影响开花结果。

（4）整枝留瓜：苗高25~30cm时插竹竿使其向上生长，以主蔓结瓜为主，摘除1m以下的侧蔓。每株留1~5果（巨型南瓜留1果，中果型的留1~2果，小南瓜留4~5果），及时疏花、疏果，保证单瓜形正、个大。

（5）人工辅助授粉：南瓜虽然可通过昆虫授粉坐果，但人工

辅助授粉可明显提高坐果率。如果天气晴好，南瓜花在清晨 4 ~ 5 时就能开花，所以人工辅助授粉可在 4 ~ 5 时就开始进行，最好在上午 10 时前结束，因为从 10 时开始南瓜花粉就要失去授精能力了。植株生长势强的，为防止徒长应提前坐果，可从第二雌花开始授粉。植株生长势弱的，应推迟坐果，促进营养生长，提高单瓜重，可在植株长到 10 叶以后再开始授粉坐果。

5. 南瓜刻字

南瓜刻字是在观赏南瓜果实表面上雕刻艺术字及各式图案，将不同形色的果实进行合理配置，装于花篮之中，配以彩带或于果面刻印上如"硕果累累、福禄寿禧、成果辉煌、吉祥如意、五谷丰登"等吉祥语，作为艺术品陈列于居室、客厅、橱窗中。

给观赏瓜披上"文化衣"主要有两种方法，一种是刻字，另一种是贴字。根据观赏南瓜品种的特点，在南瓜生长过程中，距成熟约一个月前，将要刻的字采取针刺、刀刻等手段，刻到果面上，让瓜面上呈现文字图案，使之形成带字的艺术南瓜。刻好的南瓜继续留在瓜棚里长大，一个月之后它就完全成熟了。

6. 病虫害防治

南瓜的病虫害防治，应贯彻预防为主、综合防治的方针。采取改进栽培方法和喷洒药剂相结合等综合措施，以期降低防治成本，取得良好效果。

（1）病害防治：南瓜生产上的常见病害有蔓枯病、灰霉病、病毒病和白粉病，对所有病害防治应以预防为主，从种子开始，播种前要对种子进行消毒，可在太阳下翻晒 2 ~ 3 天，然后用 55℃ 热水温汤浸种；进行 3 ~ 5 年以上的轮作；培育壮苗；增加磷钾肥施用量；及时整枝打杈，摘除病叶、老叶，改善通风透光条件，降低环境空气湿度。发病初期，拔除发病中心株，并立即喷洒药剂进行控制。病株残体要带出田外烧毁。雨季应加强田间排水，雨后及时喷药防治。

发病初期，蔓枯病药剂可使用 70% 甲基托布津可湿性粉剂

600～800倍液、75%代森锰锌可湿性粉剂500～600倍液每6～7天喷施一次，应交替使用避免病菌产生抗药性。茎蔓发病初期，可用等量杀毒矾、甲基托布津和农用链霉素调成糊状涂茎。灰霉病药剂可使用50%灰霉净可湿性粉剂500倍液、50%速克灵1500倍液、70%敌克松可湿性粉剂1000倍液、70%甲基托布津1000倍液交替喷雾。在保护地内还可用70%百菌清烟雾剂熏烟。白粉病药剂可使用70%敌克松可湿性粉剂1000倍液、70%甲基托布津可湿性粉剂1000倍液、75%百菌清可湿性粉剂600倍液、粉锈宁600倍或0.02%高锰酸钾溶液，每隔6～7天交替喷施一次。保护地栽培的可在移苗定植前，用硫黄粉闭棚熏烟，每667m^{2}用硫黄粉1.4kg。病毒病药剂可使用病毒K800～1000倍液、病毒必克800倍液喷洒。

（2）虫害防治：虫害主要以蚜虫、美洲斑潜蝇、白粉虱为主。蚜虫的防治方法：清除瓜地及其周围的杂草；设立涂胶黄色诱虫板黏杀；覆盖银灰色反光地膜趋避蚜虫。药剂可使用康福多2000倍液、40%乐果乳油1000倍液、10%蚜虱净可湿性粉剂600～800倍液喷洒。保护地栽培时，可用20%灭蚜烟雾剂防治。美洲斑潜蝇的防治方法：清除瓜地及其周围的杂草；设立涂胶黄色诱虫板黏杀。药剂可使用1.8%爱福丁乳油3000倍液、40%绿菜宝乳油2000倍液、2.5%功夫乳油2000倍液交替喷洒。白粉虱在育苗期应注意防治，以防带入大棚，可用黄板诱杀，喷施扑虱灵等药剂防治。

7. 采收

刻字南瓜以观赏为主或作艺术品，要等瓜充分老熟，瓜皮变硬时采收。采收应在晴天露水干后、果实表面温度较低时进行，收获时留果柄2cm剪下。巨型刻字南瓜可进行订单销售或做礼品，小型刻字观赏南瓜可拿到市场上作为观赏物、玩具出售，也可放在精致的小竹篮里，就是一件非常别致的家庭装饰品。

（刘雪兰）

第三章 航天菜栽培
工艺与管理

第一节 太空大青茄栽培技术与管理

太空大青茄是利用现代航天技术、生物技术与现代育种技术为一体的农业育种新方法，经过返回式地面卫星搭载，使种子获得了地面不可模拟的变异后，再在地面上进行不少于四代的培养和选育而成综合性状良好、遗传性状稳定的茄子新品种。这些太空作物不仅植株明显增高增粗、果型增大，产量比原来普遍增长10%～20%，而且品质大为提高，作物机体也更加强健，对病虫害的抗逆性特别强。

一、太空大青茄的植物学特性

1. 根

太空大青茄为深根性蔬菜，根系发达，主根粗而壮，垂直生长旺盛，深可达 1.3～1.7m，地表下 5～10cm 有发达的横向侧根，这些根中途又向下延伸，但主根多分布于 33cm 以内的土层中，由于其垂直深扎的根系充分利用了深层土壤水分，所以吸收力强，较耐旱，但不耐涝。

2. 茎

幼茎为草本，成苗后木质化，茎的木质化在结果开始后显著加强。茎一般直立，粗壮，多分枝，呈灌木状。当主茎长有 6～8片叶时，顶芽分化成花芽，下面的两个腋芽开始萌发，抽生为侧枝，以后每个侧枝长出 2～3 片叶后，顶芽又变为花芽，于是又进行 1 次分权，这样有规律的分权和结果。茄子的枝干短截后，隐芽萌发会重新结果。为太空大青茄提供方便的植株更新。

3. 叶

太空大青茄的叶片肥大，颜色为绿色。在嫩叶中含有花青素，在低温、多肥条件下，叶色变深。

4. 花

太空大青茄为两性花，多为单生，着生多个复总状花序，一般只有基部 1 个花能结果。花朵的花柱因植株营养状况不同，有长短差异。营养条件好，花朵大、色泽鲜艳。花柱长、伸出花药之外，有利于授粉，结果率高。

5. 果实

果实为浆果，圆形，果皮青绿色。如肥水充足，果大而色鲜艳，横径 18～23cm，单果重 2kg 左右，果肉致密、味甜、纤维少、品质佳。果实与萼筒交接处，白色或淡绿色，称茄眼。茄眼的宽窄可作为果实生长快慢的标志。

6. 种子

种子扁平、肾脏形，黄褐色，有光泽，表面光滑而坚硬。千粒重 4～6g，每克种子有 200～250 粒，生产上一般用 1～2 年的种子。

二、生长发育条件

太空大青茄从播种到收获期可分为发芽期、幼苗期、开花结果期。

1. 种子发芽期

在适宜温度（28～30℃）只需 6～8 天即可发芽，且发芽率高，如果低于 21℃，发芽期可长达 20 多天，且发芽率低。

2. 幼苗期

从种子破心出芽到现蕾为幼苗期。幼苗期同时进行营养器官和生殖器官的分化和生长，4 片叶以前以营养生长为主，苗期生

长量的 95% 是在 4 叶期以后完成的。在 4 叶以后，茎粗达到 0.2cm 左右时，就可开始花芽分化，一般一朵花序只着生一朵花，大多为长柱花，短柱花大多不能授粉、结实。在适宜的温度范围内，温度稍低时，花芽分化略推迟，但分化出的长柱花居多。所以苗期以日温 25℃ 左右，夜温 15～20℃ 较为适宜。

3. 开花结果期

太空大青茄的果实发育需要经历现蕾、露瓣、开花、掉瓣、瞪眼等时期。门茄现蕾标志着幼苗期的结束，但在门茄瞪眼期以前，植株处于营养生长向生殖生长过渡阶段，此期既要促进茎叶的生长，以尽快搭丰产架，又要促进养分向开花结果的方面转移。门茄瞪眼期过后，茎叶生长和开花结果同时进行，此期可明显见到茎叶中的干物质积累呈直线下降，而花果中的物质积累明显上升。由此说明，植株的养分分配已转向以供应果实生长为中心，这时必须解除对茎叶的生物控制，加强肥水供应，保证茎叶生长和果实生长两不误。

从对茄到四门斗茄的结果期，植株正处于旺盛生长期，这时期的产量占大部分的总产量。技术上要促进结果，又要保持植株的生长旺盛，谨防植株早衰。

三、对环境条件的要求

1. 温度

太空大青茄性喜高温，在果菜中属于特别耐高温的一种。生长发育的适宜温度为 25～30℃，气温低于 20℃ 时影响授粉、受精和果实的正常生长；17℃ 以下生育缓慢，7～8℃ 时茎叶受害。在温度高达 35～40℃ 时茎叶不会出现明显的生理障碍，但花器易发生生理病害，形成畸形果。

各个生育阶段的适宜温度和界限温度是：种子发芽最低温度 11～18℃，适温为 28～30℃，种子催芽播种后要降低温度，白天 20～25℃，夜间 15～20℃ 为好。在一定的温度范围内，温度低时，形成的长柱花多，温度高时，花芽分化提前，但中柱花所占比例增大。在花粉形成过程中，遇有15℃以下的低温或30℃以上的高温时，就会产生受精力极差的花粉。所以在栽培太空大青茄时要特别注意保温、增温和通风换气。

2. 光照

太空大青茄属于短日照作物，但对日照时间的长短要求并不严格，近于中日照。在光照充足时，育苗阶段能使秧苗健壮，花芽分化早，着花节位低，长柱花多，开花结果期可加速生育，提高坐果率，减少病害，果实着色好。光照不足时发育延迟，植株细弱，授粉不良，果实生长慢，着色不好，易腐烂和发病。

3. 土壤和肥料

太空大青茄适合于中性和微碱性土壤。在耕土层深厚，富含有机质，保水保肥能力强的冲积土上栽培最为适宜。

大青茄的生长发育期长，需要充足的肥料，生长初期为了有利于茎叶的生长，多以氮肥为主；结果期需氮肥多，多施磷肥可提前结果，充足的钾肥可提高产量，大青茄很少有因为氮肥过多而引起茎叶徒长的现象。大青茄施肥宜以氮肥为主，磷肥、钾肥配合，底肥不足时，应通过追肥来补充。深施肥可诱导根系分布加深，抗旱能力增强，提高产量。

4. 水分

大青茄的叶片肥大，枝叶繁茂，蒸腾作用旺盛，需要充足的土壤水分，缺水时，植株生长不良，果实小而无光泽；水分过大时易发生病害，影响根部窒息死亡等；在生长期，土壤含水量达15%，相对空气湿度70%～80%为宜。

四、育苗技术

育苗是大青茄丰产的一个重要措施。育苗的关键是根据育苗季节的光热特点，采取相应的技术措施，创造适合大青茄育苗期的环境，培育出具有旺盛生命力的适龄壮苗。壮苗表现为，播种后出苗快而整齐，子叶肥大，胚茎粗短，真叶肥厚宽大，绿色有光泽，茎粗壮，节间短，根系发达，活力强，有 6～8 片真叶，带花蕾。大青茄很少发生徒长苗，但却极易发生"僵苗"，表现为茎细软，叶片小而黄，根少色暗，定植后生长缓慢，开花结果晚，易早衰。

1. 播种时间

根据茬口的不同，安排适宜的播种期。秋冬茬，此茬一般在 7 月下旬开始育苗，此时露地一般是高温、多雨、强光。所以要克服不利的条件，进行遮阴、防雨等；越冬茬，一般在 9 月上旬开始育苗，气温较高的地区可在露地育苗，分苗再转入温室中，主要是防雨，加强夜间的保温；冬春茬，多在温室里提前保温育苗。

2. 种子处理

先进行温汤浸种，将种子放入 50～60℃ 的温水中，不断地搅拌 20～30 分钟，通过浸种除去种上的萌发抑制物，促进种子萌发一致。再进行药剂处理，先将种子放在清水中浸泡 2～4 小时，再用 40% 福尔马林 300 倍液浸泡 15 分钟，在冲洗干净风干后备用或做赤霉素活化处理（置于 $500～1000×10^{-6}$ 赤霉素溶液中浸泡可加快种子的萌发和提高种子活力）。

3. 营养土和苗床的准备

育苗床土应具有疏松、富含有机质和氧气、保水保肥能力强，无虫卵、无病原菌及杂草种子的优良性状，一般选用田园土、大田土、腐熟的粪便和其他有机肥、草炭、蛭石等和适量化肥。合理的床土配置是培育壮苗的基础，原则是：有机质含量不低于 30%，疏松透气，良好的保水、保肥性能，物理性能良好，浇水不板结，干时不裂，孔隙度 60% 左右，园田土必须是两年内未种植茄果类、瓜类、烟草类等的田间取得。最好是在种植豆类或葱蒜类的田间取。

苗床一般进行土方制作或营养钵育苗，土方制作有两种方法，即和大泥和脚踩方。和大泥是将营养土按比例掺匀，加水和泥，按 7~8cm 厚平铺于整齐的畦面上，抹平表面，切成 7~10cm 的土块进行育苗。脚踩方也叫简易土方，是将育苗畦整平，踩实后撒一层沙土，然后将配好的营养土铺入畦内，10~12cm，压平，浇透水，按 7~10cm 见方的距离划块，进行育苗。营养钵育苗是采用特制的塑料钵，装上营养土后进行育苗，常用的营养钵直径为 6.5cm、8cm、9cm。装土时注意不要将土装得过实，以利于根的生长发育，为了便于浇水，装土时也不要装得过满，一般距钵口 1.5cm 为宜。

4. 播种

播种前要浇足底水，水渗下后再在上面撒一层 0.1~0.2cm 厚细土，将种子均匀撒于床面，播种后覆盖 0.5~0.8cm 厚的细土，若要防止床土水分急速散失或加强保温，播后盖地膜保墒。

5. 播种后的管理

播种后到出苗，白天保持 30~35℃，夜间 20~22℃，约 7 天后出苗。出苗后白天 28~30℃，夜间 18~20℃，超过 28℃要及时放风，防止徒长。中午叶子轻萎时，表明苗床缺水，应进行喷洒稳水。播种后约 35 天分苗，分苗前两天浇一次透水，以防取苗时伤根太多。分苗后白天保持 26~30℃，夜温 18~20℃，地温 20℃左右，三天后缓苗覆土 0.5cm。缓苗后白天 25~28℃，晚上 18℃左右，地温 20℃左右，4 片真叶后白天 22~25℃，夜温降至 14~16℃，4 叶期结合灌水进行追肥，可叶面喷施 0.3%~0.5% 的尿素和 0.1%~0.2% 的磷酸二氢钾。定植前 7~10 天，日温 2~23℃，夜温 13~15℃，短时间可到 10℃左右。

五、太空大青茄栽培技术

太空大青茄生长适应能力强，在全国各个地方都可栽培，在不同地区、不同时节，栽培者可根据实际情况联系太空大青茄的生长发育条件，利用不同的设施和栽培管理技术，打造适合太空大青茄生长发育的优良环境，达到优质和高产，增加经济效益的目的。下面就春大棚早熟栽培介绍太空大青茄生产中的一些主要管理技术。

1．整地施肥

太空大青茄栽培应选有机质含量丰富、土层较厚、保水保肥、排水良好的土壤。在定植前 10 ~ 20 天扣好棚膜不通风，提高地温和棚温，尽快化解冻土层，深翻晾晒，结合翻地每亩施优质有机肥 5000 ~ 8000kg，三元复合肥 30 ~ 50kg。沿东西方向做畦或起垄。畦宽 100 ~ 120cm，垄宽 50 ~ 60cm。

2．定植

（1）适时定植：太空大青茄喜温，各地应以大棚气温和地温为准，定植时要求棚温不低于 10℃，10cm 地温不低于 12℃，相对稳定 7 天左右，为适宜定植期。选择晴天上午定植。北京地区 3 月下旬定植；长江流域于 2 月下旬至 3 月上旬定植。

（2）定植密度和方法：可畦栽也可垄栽，一般行距为 60cm 左右，株距 30 ~ 33cm，每亩栽 3000 棵左右，双行种植时，株距可适当加大，为 40cm 左右。定植方法为开穴或开沟定植，采用浅栽高培土的方法，有利于提高地温，促进发根缓苗。有条件的可覆盖地膜，并按行扣小拱棚。可在做畦或做垄后先覆盖地膜，按行株距打孔后定植。把苗坨放入栽植穴中，土坨表面低于地表 1cm 左右。

3．田间管理技术

（1）温、光调控：太空大青茄不耐寒，定植一周内，要以保温为主，促进缓苗。缓苗后，白天温度保持在 28℃ 左右，促发新根，夜间 15℃ 以上，晴天棚内温度超过 30℃ 时，特别是高温、高湿时，要及时通风换气。南方春季阴雨天气较多，光照相对不足，晴天或中午温度较高时应抓紧时间，全部或部分揭开草帘和小棚，增加植株的光照时间。天晴，早揭迟盖；天阴，迟揭早盖。对使用时间过长、透光不好的膜要及时更换。

（2）肥水管理：太空大青茄喜肥耐肥。多施氮肥，很少引起徒长。苗期多施磷和钾，可以提早结果。盛果期根据结果和植株缺肥的表现程度，可结合中耕培土，多次追肥。每次每亩追施15～25kg尿素或有机肥料和复合肥。生长过程中还可根据苗情和植株表现，随时喷洒1%～2%的磷酸二氢钾，进行根外追施。南方雨水多，应深沟高畦，做到旱能浇、涝能排。

（3）植株调整：在栽培中除了合理地配置株行距方法调整植株外，人为的方法调整植株的枝条也是一个重要的措施。大青茄的整枝是从第2侧枝长出后进行的，这时下部的叶腋也相继发生侧枝，一般来说，叶片从下而上越来越大，侧枝也越往上长势越旺，整枝的首项工作是对2杈分枝以下叶腋里发出的侧枝全部摘除，一次摘不干净可继续进行2～3次，对于主干上的叶子，一般每枝留下一叶，其余全部摘除。打叶的早晚对株型有一定的影响，打得过早时植株生长快，枝干易疏散；晚打叶的植株生长缓慢，株型低矮紧凑，太空大青茄可适当地晚打一点，以使植株更紧凑一点。

在侧枝上长出2～3片叶后，顶芽也要形成花芽，下面两个相邻的腋芽同样要形成丫状分枝，如果任其自然分杈，则陆续分杈，会影响株间的通风透光，行间郁闭，植株徒长，病害加重，为此应进行人工整枝。整枝方法有好几种，太空大青茄一般采用双干整枝，双干整枝是门茄发生后留两枝，其余侧枝抹掉，对茄发生后只留主枝，四门斗茄也只留主枝，侧枝摘心或抹掉。这样门茄之后一直成双杈向上生长，除门茄外，其他各层也只结两个茄，直到最后一层茄的发生，可根据植株的生长情况留3～5个大青茄。

（4）采收：太空大青茄是多次采收嫩果的蔬菜。及时采收达商品成熟的果实对提高产量和品质非常重要。太空大青茄可根据宿留萼片边沿，尚未形成花色素的白色的宽窄来判断。白色越宽说明果实生长较快，花青素来不及形成，果实嫩；果实宿留萼片边沿，已无白色间隙，就已变老，食用价值降低。采收果实以早晨最好，其次是傍晚，不要在中午气温高时采收，以延长市场货架的存放时间。

4. 秋延后栽培（截枝干更新）

利用大青茄的枝干短截后，隐芽萌发还可继续结果的特性，在春早熟栽培的太空大青茄作秋延后栽培，立秋前后，气候炎热，太空大青茄已进入衰老期，太空大青茄的产量和商品性降低。很多地方，此时进行秋延后再生栽培。其方法是：选择生长状况良好、长势平衡，无严重病虫害的地块，采取在太空大青茄植株第一分枝以上保留 3 个侧枝，留 8cm 短截，剪去以上所有枝叶，把剪下的枝叶全部带出园地，集中处理。同时清除园内杂草和病虫害枯枝、残叶，以降低病虫害的发生。剪后一周即有幼芽萌发，抽生新枝，形成新的植株。选择保留健壮、长势和方向好的新枝和饱满的芽，其余的芽全部抹去。一般可萌发 10 ~ 20 个芽，只留 4 ~ 5 个长成再生果的果枝，追施速效肥料，促进生长和结果。在长江中下游地区，前期可加盖遮阳网；而在华北地区，则在 9 月下旬覆盖薄膜，延长采收期。

太空大青茄以煮食为主，也可制作茄干、茄酱和腌渍，易于加工制作，品味上成，其单果最重达 2.2kg，果实大，产量高，果皮光滑，外形美观，鲜茄市场供应期长，长江流域从春季到秋季、华南地区一年四季均可栽培。

由于太空大青茄 DNA 分子的链状结构，只是在太空超真空、宇宙高能离子辐射、宇宙磁场、失重等综合环境作用下发生的易位，它的基因组大小没变，基因组数量不增加或也没有减少，这一点和转基因作物截然不同。转基因作物是有外来基因插入到原来的基因组里面，有外援基因的导入。所以，尽管某些转基因作物的食用安全问题尚有争议，但太空大青茄及其他一些太空蔬菜经联合国等有关权威机构认证，其食用安全性没有问题。太空大青茄具有广阔的市场前景和巨大的经济效益。

第二节　太空黄番茄栽培技术与管理

太空黄番茄同样是利用现代航天技术、生物技术与农业育种技术为一体的农业育种新方法。在地面上进行不少于四代的培养和选育的番茄新品种。

一、太空番茄植物学特征

1. 根系

太空番茄根系分布深广，根群分布在表土层 20～30cm，横向伸展 1m 左右。移栽时根系受伤后恢复能力强，此时主根受到一定的影响，侧根变得发达，须根也多，吸收能力强，具有一定的抗旱能力。

2. 茎

太空黄番茄茎半直立，基部木质化，高 60～120cm，一般行支架栽培。茎易生不定根。利用这一特性可进行扦插繁殖。

3. 叶

羽状复裂，茎叶有茸毛和蜜腺，能分泌特殊气味，有驱虫作用。

4. 花

花黄色，每花序具 5～10 朵花，总状或复总状花序，是完全花，一般不串花杂交。

5. 果实

果为多汁浆果，食用部分为果皮及胎座组织，具 2～6 室，颜色为黄色。

6. 种子

种子黄褐色，扁卵圆形，具灰白色茸毛，外有一层蜡质包围，播种前宜进行浸种处理。千粒重 3g 左右，每克 300 粒左右。

二、生长发育规律

太空黄番茄从播种到采收结束，大体可分为 4 个不同的生长发育时期，它们的各自特征可概述为：

1．发芽期

从种子播种到第 1 片真叶破心而出为发芽期，在适宜的温度条件下，这个时期需要 10 ~ 14 天。种子发芽及出苗的好坏，主要取决于水分、温度、通气条件和覆土的厚度。从发芽到子叶展开幼苗需要的养分主要是来自种子内储存的养分，太空番茄的种子小，含有的养料不多，所以提供必要的无机养分和适宜水分，对培育壮苗起重要作用。

2．幼苗期

从真叶破心到现花蕾是幼苗期，在适宜的条件下，此期需要 45 天左右，如在低温弱光条件下，时间会长一些。幼苗期平均每 4 ~ 5 天长一片叶子。在幼苗发育前期，子叶是光合作用的主要器官，一定要保护好子叶，并促其肥大、浓绿。

3．开花期

从花蕾到第一个果实形成是开花期，开花期的太空黄番茄，从外观来看，一方面是茎叶生长旺盛，一方面正在开花并形成幼果。此期以营养生长为主，但已开始向营养生长和生殖生长并进过渡。在适宜的条件下，开花一天后，萼片、花瓣就完全展开，花冠的颜色变为深黄色，此时花药已经开裂，同时花柱也不断地伸长并接触花药筒，完成授粉过程。

4．结果期

从第一穗果坐住到全株果实采收结束是结果期。这时期的长短与茬次和管理技术有很大的关系。太空番茄是陆续开花、边开花边结果的作物，在果实膨大的同时，花序也不同程度地发育，茎叶生长也不断地进行。这时不同层次间的花序间、生殖生长和营养生长之间存在着对养分的激烈争夺。

从开花到果实成熟一般需要 55 天左右，夏季高温时需 40~50 天，冬季低温日照弱时需要 60 天以上。

三、对环境条件的要求

1. 温度

太空番茄喜温不耐寒，种子发芽温度为 10~31℃，以 25~28℃最适宜。幼苗期生长适温白天为 20~25℃，夜温 15℃左右。开花期对温度敏感，在 15℃以上才可开花授粉，最适温度是白天 20~30℃，夜间 15~20℃。果实发育和着色的适温为白天 24~27℃，夜间 12~15℃。在生长期间，白天超过 30℃，夜间超过 25℃，植株生长迟缓，影响结果。

2. 光照

太空番茄要求较强光照，光合作用饱和点为 7000Lx，比其他果菜类明显较高。充足的光照有利于花芽分化，可促进结果，提高产量和品质。所以在温室栽培时必须合理密植，科学整枝吊蔓等方面采取相应措施，创造一个比较好的光照条件，以保证丰产丰收。太空番茄属短日照作物，但开花对日照时间的长短要求并不严格，只要温度适宜，四季都可以栽培。

3. 水分

太空番茄叶面积大，耗水量多，生长期间，适宜较低的空气湿度和较高的土壤水分。开花前，土壤湿度宜保持田间最大持水量的 50%~80%，结果期宜保持 90%；开花后，如遇土壤干旱，不仅影响产量，而且会诱发脐腐病。因此应及时灌水，保持土壤湿润。

4. 土壤和营养

太空番茄对于土壤的要求不太严格，但仍以保水、保肥力良好的壤土为宜。属于深根性作物，根群很旺且入土较深。因此，土层深厚且排水良好的土壤能获得较好的收成。地下水位不宜过高。否则，土传病害严重。太空番茄作食用的部分为成熟的果实，要求较多的磷、钾元素。植株体内氮、磷、钾含量接近1:1:2。结果前期，主要为叶的生长，对氮的吸收较多，随着植株的生长，对磷、钾需量增加，果实迅速膨大时，钾的吸收量占优势。

四、太空黄番茄育苗技术

在早春或冬春进行露地或保护地栽培均进行保护地提前育苗，以便利于人工创造适于太空黄番茄幼苗生长的小气候和便于幼苗的集中管理，当露地或保护地适于生长时，即定植于露地或保护地中，以延长太空黄番茄生长时间，取得高产和延长供应期，所以培育壮苗是太空黄番茄丰产、高效益栽培的基础。

1．播种时间

太空黄番茄播种时间根据栽种的时间和秧苗的苗龄向前推移，北方栽种时间迟且苗龄较短，南方栽种时间早而苗龄较长。

2．种子处理

（1）浸泡：选择洁净、无病、子粒饱满的种子放入 50～60℃ 的温水中，不断地搅拌 20～30 分钟，然后浸泡一段时间，温汤浸种可有效地杀灭种子表面及内部的病菌和促进种子萌发一致，还使种子吸足水分，为萌发做好准备。

（2）药剂处理：先将种子在清水中浸泡 2～4 小时，再置入 40％磷酸三钠 10 倍液中浸泡 20 分钟和 40％福尔马林 100 倍液中浸泡 15～20 分钟。然后用清水洗净后风干备用。

3．营养土和苗床的准备

太空黄番茄的育苗床土应具有疏松、富含有机质和氧气、保水保肥能力强，无虫卵、无病原菌及杂草种子的优良性状，一般选用园田土、大田土、腐熟的粪便和其他有机肥、草炭、蛭石等和适量化肥。合理的床土配置是培育壮苗的基础，床土可选用园田土、发酵好且过筛的堆肥、草炭、炉渣等，同时还加适量化肥。园田土必须是在两年内未种植茄果类、瓜类、烟草类等的田间取得（最好是在种植豆类或葱蒜类的田间取土。豆类的土含有根瘤菌土质肥沃，葱蒜类的土有硫化物可杀死土中的一些病菌）并进行床土的消毒，将 40% 的甲醛溶液稀释 50～100 倍，每立方用 10～20kg 甲醛稀释液，均匀喷洒在床土上，盖膜闷 24 小时，然后揭去膜，待药味完全挥发后备用。

苗床一般进行土方制作或营养钵育苗，土方制作有两种方法，即是和大泥和脚踩方。和大泥是将营养土按比例掺匀，加水和泥，按 7～8cm 厚平铺于整齐的畦面上，抹平表面，切成 7～10cm 的土块进行育苗。脚踩方也叫简易土方，是将育苗畦整平，踩实后撒一层沙土，然后将配好的营养土铺入畦内，约 10～12cm，压平，浇透水，按 7～10cm 见方的距离划块，进行育苗。营养钵育苗是采用特制的塑料钵，装上营养土后进行育苗，常用的营养钵直径为 6.5cm、8cm、9cm。装土时注意不要将土装得过实，以利于根的生长发育，为了便于浇水，装土时也不要装得过满，一般距钵口 1.5cm 为适。

4．播种

将处理好备用的种子置于 28℃ 的恒温环境中进行催芽，有 2/3 露白后，在 20℃ 的环境放置 4～5 小时后进行播种，播种前要浇足底水，水渗下后再在上面撒一层 0.1～0.2cm 厚细土，将种子均匀撒于床面，播种后覆盖 0.5～0.8cm 厚的细土，若要防止床土水分急速散失或加强保温，播后盖地膜保墒。

5．播种后的管理

（1）播种后出苗前：播种后种子出苗期间，首先保持适宜的土温，床土温度白天 25～28℃，夜间 18～20℃，地温大于 18℃。

（2）出苗期：给予充足的光照，并适当降低温度，白天 20～22℃，夜间 11～13℃，地温保持高于 16℃，避免形成"高脚苗"。从播种到分苗一般不浇水，防止浇水过多，降低地温，发生徒长等。在不影响苗床适温的情况下，尽可能提供充足的光照。

（3）分苗期：播种后20天左右即可分苗，分苗又叫移栽，为了扩大单株营养面积，又促进侧根的发生。分苗一般在2叶1心时进行，晚了会延迟花芽分化。分苗易造成伤口，给病菌有可乘之机，所以分苗次数不宜过多，提倡进行一次。分苗后缓苗期应提高地温，少放风，促进发根缓苗，白天25～28℃，夜间18～20℃，分苗时浇水的多少由床土湿度而定。

（4）缓苗后定植前：缓苗后的管理主要是通过温、光、水、肥、通风，掌握幼苗的生长速度，到幼苗长有5～6片真叶期间，要适量通风，让幼苗较快的发叶又不徒长，土壤含水量不宜过低，每7～8天可浇水一次，使土壤保持湿润，可结合喷水用0.3%尿素和0.2%磷酸二氢钾液等根外追肥。在定植前7天左右进行炼苗，使秧苗接受与定植以后相似的环境。炼苗期间床土的水分不宜控制过度，以免秧苗老化。

五、太空黄番茄生产技术

由于太空黄番茄生长只要在温度条件满足的季节均能栽培，加上我国南北气候有一定的差异，番茄一年四季都可栽培，但主要是以春季为主，其次是在秋季。下面就介绍太空黄番茄的春季露地栽培和秋延后栽培技术。

1. 定植

春夏栽培在晚霜期后，地温稳定在10℃以上即可定植，定植时苗长到5～6片真叶、顶带花蕾。定植前地块要进行翻耕，深度为30～40cm，并耙平，施有机肥为主，配合施用适量化肥，控制氮素和化肥用量，实行平衡施肥。太空黄番茄施肥氮、磷、钾比例为1：0.5：1，基肥施入量一般为每亩施优质有机肥5000～7000kg，磷酸二铵30～40kg，过磷酸钙50kg左右，硫酸钾20～30kg，结合翻耕施入。太空黄番茄采用高畦栽培，最好在定植前半个月覆盖地膜以提高地温，畦高20～25cm采用大小行单株定植，大行60～70cm，小行40cm左右，亩植4000株左右。定植的深度以覆盖土坨 1cm 为宜，选择晴天上午定植为宜，定植前 5 天浇一次水，定植后及时对每株浇水，然后进行田间灌溉，3 天后浇缓苗水，然后进行蹲苗，直至第 1 穗果坐稳后蹲苗结束。

2. 田间管理

（1）肥水管理：第 1 穗果坐稳后结束蹲苗，开始浇水，结果前期土壤见干见湿，中后期土壤湿度范围维持土壤最大持水量的 60% ~ 80% 为宜，小水勤浇以降低地温，结束蹲苗后结合浇水每施尿素 10 ~ 15kg，硫酸钾 15 ~ 20kg，或多元复合肥 20 ~ 25kg，以后每穗过膨大时根据土壤肥力长势追肥一次。

（2）绑蔓和植株调整：用细竹竿支架，并及时绑蔓。番茄的整枝方法有三种，即单杆整枝、一杆半整枝和双杆整枝。因为太空黄番茄属于无限生长类型，生长期长，所以采用单杆整枝方法。太空番茄的侧枝生长旺盛，应在其长到 1cm 左右及时除去，以减少养分的浪费，当第 1 穗开始转色时可开始去除其下部的老叶，并经常进行病叶的摘除。为保证质量和产量，太空黄番茄在开花期和果实坐稳后，及时摘除畸形花和畸形果，每穗选留 3 ~ 4 个正常果。

（3）采收：及时分批采收，减轻植株负担，以确保果品的品质，促进后期果实膨大。

六、太空黄番茄日光温室秋冬茬定植及其栽培后的管理

太空黄番茄日光温室秋冬茬栽培要求十分严格，始终要做好温、光、水、肥等各项工作。正处在高温季节，病虫害严重，生长环境需要人为进行各种技术调节，尽可能满足植株正常生长所需的各种栽培条件。

1. 整地施肥

秋延后太空番茄生长时间较长，从定植到拉秧一般长达 5 ~ 6 个月，所以一定要保证土质疏松，有机质含量高（30% 以上），

底肥充足，每亩施用充分腐熟的农家肥 5000 ~ 6000kg，磷酸二铵 30 ~ 40kg，钾肥 30 ~ 40kg，或氮磷钾三元复合肥 50 ~ 60kg。做小高畦，先开宽 40 ~ 50cm，深 20cm 的沟，沟间距 50 ~ 60cm，把基肥均匀的撒在沟内并翻匀，之后覆土做成小高畦，畦高 15 ~ 20cm，畦面宽 90 ~ 100cm，畦间距 50 ~ 60cm，覆盖地膜。定植前高温闷棚 2 ~ 3 天，用硫黄、敌敌畏、百菌清熏蒸 1 ~ 2 次，做好温室的消毒、病虫害防治工作。

2. 定植

一般来讲，保护地冬季生产和其他季节相比，密度相对较小，以每亩 3000 ~ 3500 株较为合适，每畦两行，行距 75 ~ 80cm，株距 35 ~ 40cm，定植选在阴天或下午傍晚进行，定植水要浇透，2 ~ 3 天再浇一次缓苗水，此时正值高温季节，小苗生理代谢旺盛，土壤中既不能缺水也不能缺氧，所以缓苗水之后 1 ~ 2 天后进行中耕，为防治地下害虫，缓苗后可用杀虫剂灌根 2 ~ 3 次。每株用量为 150 ~ 200mL。

3. 肥水管理

植株在整个生长过程中，苗期总的需肥量较少，由于基肥充足，所以基本上不用追肥，浇水要适当控制，蹲苗时间不可太长（如果是穴盘就不需要蹲苗），土壤表面见干见湿并加强中耕次数，第一穗花坐果后核桃大小时需肥量逐渐增大，一般每亩追施尿素 20kg，在离根 10cm 处埋施。施肥后马上浇水，结合追肥喷施磷酸二氢钾和微肥 5 ~ 6 次。如果该地区有缺钙现象，7 ~ 10 天喷 0.3% 的硝酸钙进行叶面补施。在北京地区秋冬季的日光温室番茄生长最快的时期在 9 月中旬至 10 月中旬，在此时间日光充足，温度适宜，营养生长和生殖生长同时进行，所以要抓住有利时机，精心加强水肥管理，使植株健壮，为冬季生长打好基础，进入冬季浇水不宜过多过大，以次数少量小为好，每次浇水后要加大通风量适时中耕，防止湿度过高引起病害的发生。

4. 温度管理

秋冬茬太空番茄定植后，生长前期外界和温室内的温度较高，昼夜温差较小，温室前脚围裙和后墙通风孔以及顶部都要尽可能地打开昼夜通风，最大程度减少高温对植株产生的影响。北京地区 10 月上旬左右，外界最低温度到 12℃ 是，夜间通风口要关上白天通过通风口的大小和时间来控制适合太空黄番茄的生长的温度，一般白天控制在 25～28℃，夜间 15～17℃。进入 11 月中旬后外界气温下降较快，要注意夜间保温，尽可能的加盖草苫或再加牛皮纸被。根据温度实际情况，确定草苫拉盖的时间。北京地区进入冬季一般上午 8～9 点拉苫，下午 4 点左右盖苫浇水最好是滴灌进行，减少浇水对地温、空气湿度、温度造成的影响，如果是沟灌，浇水后要在外界白天温度较高时加大放风量，减少湿度，以保持 50%～60% 的相对湿度较好，减少发病条件。

5.枝条整理

定植缓苗后进行插架绑蔓，单干整枝。为加大苗期的叶面积，小苗的侧枝长到 7～8cm 再除去，不可过早。每株留 4 穗果，顶部留 2～3 片叶摘心去顶，如果小苗的主枝较弱过细，可以由后出的侧枝代替主枝进行留果。植株生长中后期要及时打掉下部的老弱黄叶，增加通风透光，节省养分。

6.采收

太空黄番茄在采收时根据适宜的情况进行分批挑选采收。保证质量和产量，提高经济效益。太空黄番茄果实的成熟从外部形态来看大约可分为 4 个时期：

（1）绿熟期：果实长到一定大小，果皮有光泽，皮色由绿变白。这种程度的果实可进行人工催熟。

（2）着色期：果实顶部部分自然变黄，这一时期果实坚硬，耐运输，品质也较好，种子基本成熟，这类果实可进行长途运输。

（3）成熟期：从果实的 1/3 变黄到大部分变黄（除肩部外）为止是成熟期，这是就地采收上市的最佳时期。

（4）完熟期：果实全部变黄，果实柔软。这种果实运输困

难，此期是生理成熟阶段，是采种子的适期。

太空黄番茄呈金黄色，口感好，风味清甜，果实个大，产量单亩产可达 5000～7500kg、抗病性好，含胡萝卜素比普通番茄高出 3 倍多，而且果实表面光滑，外形美观，营养价值极高。特别是具有抗氧化、抑制突变、降低核酸损伤、减少心血管疾病及预防癌症等多种功能的番茄红素含量，要高出普通番茄 4 倍之多。因此，太空黄番茄具有非常可观的综合利用前景，市场潜力十分巨大。

第三节　太空黄瓜栽培技术与管理

太空黄瓜是太空蔬菜新品种之一。在果形、果个、果肉口感、果实营养成分等综合性状方面比普通黄瓜均有很大改善。以太空黄瓜"遗1号"为例，最大单果重可达 1800g，平均单果重800～1000g，长 40cm，亩产在 5000kg 以上。

一、太空黄瓜植物学特性

1. 根

太空黄瓜根系分布较浅，根系主要集中在深 25cm（最集中在 10cm）的土层内，太空黄瓜根系抗旱性差，吸肥力弱，好气性强。所以栽培要求土壤肥沃疏松，保持较高的土壤湿度，定植不宜过深；太空黄瓜根系形成层易老化，根系老化或断根后，再生能力差，所以育苗时苗龄不宜过长，育苗过程中和定植时各种操作尽可能少伤根，最好采用营养钵等护根育苗，分苗则要尽早进行；其下胚轴很容易发生不定根，在茎基部木栓化之前，中耕时结合培土，可明显促进不定根的发生，扩大根系的吸收面积，有利于植株生长旺盛。

太空黄瓜根系对地温反应十分敏感，一般在 15℃以上才能正常生长，25～30℃生长旺盛，所以早春不宜过早定植，否则地温太低，定植后使根系受伤幼苗变黄，即使地温回升后，由于根系不易恢复，植株仍然生长缓慢。

2．茎

太空黄瓜茎蔓生，中空上生有刺毛，通常为无限生长，以主蔓结瓜为主。蔓的粗度、长短与环境、栽培技术、生长的强弱有关，通常蔓粗为 0.6～1.2cm，蔓的粗细是衡量植株健壮与否和产量的一个重要指标，茎越粗生长越健壮，产量越高。

节间的长短也是衡量植株生长健壮程度的一个重要标志，健壮的幼苗一般以下胚轴（子叶以下）节长不超过 3cm 为宜。生长健壮的植株 8 片叶以下子叶以上节间长应在 3～7cm，15 片叶左右的节间长应在 7～10cm 为宜，20 片以上节间长 10cm 为宜。

3．叶

太空黄瓜叶上生绒毛，叶片大而薄，叶面积较大。叶正反面均有气孔，叶背气孔多于叶面气孔。气孔是叶片进行气体和水分，甚至养分（叶面施肥）输送的主要通道，也是外部病菌入侵黄瓜体内的途径之一，由于叶背的气孔大而多，所以打药（包括叶面施肥）防治病害时，应特别注意喷到叶背面。太空黄瓜叶片大而柔嫩，对温度、光照、水分等管理反应敏感，所以可根据叶片的形态采取相应的管理措施。叶片展开 10 天后光合作用能力进入最强时期，并可维持 1 个月左右，栽培中要特别注意保护功能叶。

4．花

太空黄瓜通常为雌雄同株异花的单性花，每朵花具有两性花的原始形态特征。但当发育到萼片和花冠之后，有的雌蕊退化，形成雄花。雌、雄花按一定比例着生在茎的叶腋处，雌花占总节位数的百分率为雌花节率。雌花节率高即植株上着生较多的雌花，是取得高产的基础。

5．果实

太空黄瓜果实通常为长棒形，食用的嫩果一般为绿色或深绿

色，果实生理成熟时为黄褐色或橘黄色，果味变酸，不宜食用。果实开花到商品成熟一般需 18 天左右（在环境和营养适宜时只需 10 天左右），至生理成熟需 40～50 天。雌花可不经授粉而结瓜，即所谓的单性结实，所以太空黄瓜可在无昆虫的冬季保护地栽培。

太空黄瓜果实的生长有一定的规律。一天中以下午 5～6 时生长最快，以后逐渐减慢，翌日开花前和刚开花时以细胞分裂为主，体积增大相对较少，生长慢，以后主要是细胞吸收大量的水分，以细胞膨大为主，所以中、后期瓜条体积增加迅速。特别是在采收前的 5 天左右，瓜条膨大最快生长量可占整个果实的 50%以上。所以太空黄瓜采收时期对产量和品质影响很大，采收过早会严重影响产量，而采收过晚则会影响质量。1 天中以早晨采收最有利于产量和质量的提高。

6．种子

太空黄瓜种子披针形，扁平，种子皮黄、白色，外表光华。一般千粒重 20～40g，种子无胚乳，种子无生理休眠或休眠期不明显，但在采种时需后熟，以利于提高发芽率。

二、生长发育规律

太空黄瓜的生长发育一般经历发芽期、幼苗期、初花期和结果期 4 个阶段。整个生育期长短与栽培方式和栽培环境密切相关。露地栽培生育期约 90～120 天左右，春、夏季育苗的太空黄瓜生育期相对较长，保护地冬茬和春茬生育期更长，直播的秋黄瓜生育期较短。太空黄瓜整个生长过程中，前期生长慢，中期快，后期又慢。

1．发芽期

由播种到第一片真叶出现，一般情况下约需 5～8 天，本期要给予较高的温度和充足的光照，以利于苗齐苗壮。出苗后要防止徒长，撒播者要及时在子叶展开后分苗。播种后，在正常温度下 4 天即出土。出土后子叶迅速展开，进而新叶开始出现。在子叶平展前如温度和湿度过高，易使幼苗下胚轴过度伸长，成为徒长苗。而当子叶开始出现后下胚轴的生长会减慢，幼苗主要转入叶片和根系的生长为主。如果土温过低时，出土缓慢，土温低于 10～15℃就有可能发生烂种现象。

2. 幼苗期

从真叶出现到真叶 4～5 片定植为止，约需 30 天左右。本期目的是培育壮苗。管理上要"促"、"控"结合。增加幼苗的叶重/茎重和地下部重/地上部重比。如光照过弱、氮肥过多、水分过多、温度过高，易形成徒长苗。健壮的幼苗从第一片真叶后，茎轴呈"Z"字形生长，即熟称的"倒拐"，这是幼苗生长健壮的标志。幼苗结束时叶原基已分化到 21～23 节，花芽分化已达到 40%。此期是营养生长与生殖生长同时进行期，在温度和光照管理上要有利于雌花分化。

3. 初花期

也称抽蔓期。由真叶 4～5 片定植起到第一雌花瓜坐住（根瓜）为止，约需 25 天左右。该期结束时茎高 30～40cm，真叶展开7～8片。当第一条瓜的瓜把由黄绿变成深绿，俗称"黑把"时，标志初花期结束。这段时间既要促进根系生长，又要扩大叶面积，并保证继续分化的花芽的质量和数量，同时要促进坐果，防止徒长和化瓜。此期是植株由茎叶生长为主转向果实生长为主的过渡时期。栽培管理上要调节营养生长和生殖生长的关系、地上部和地下部的关系，常进行"蹲苗"。

三、对环境条件的要求

1. 温度

太空黄瓜属喜温蔬菜，不耐寒，也不耐高温。在 10～30℃内都能生长，但以白天 25～32℃，夜间 14～16℃生长最好。一定的昼夜温差有利于生长，较适宜的昼夜温差为 10℃左右。由于太空

黄瓜组织柔嫩，含游离水较多，容易结冰，所以不耐低温，在−2～0℃时植株即受冻害，4℃以下受寒害。经低温锻炼的幼苗可短期忍耐−1～2℃的低温，10℃以下停止生育，所以把10℃称为"太空黄瓜经济的最低温度"；太空黄瓜也不耐高温，37℃以上的温度会抑制生长，超过48℃的高温生长发育产生危害，但在高湿度（空气）下可忍受2小时48℃的高温。所以在防治霜霉病，采用高温闷棚前一定要浇水，高温持续时间不超过2小时。

太空黄瓜光合作用积累养分以25～32℃时最佳。温度要与光照强度配合起来才能有利于光合作用，一般光照越强，适宜光合作用的温度也越高。一天中以上午光合作用积累养分最多，占全天的60%～70%，所以白天上午应保持27℃左右的温度，下午可略降低温度，以降低养分消耗。如果进行二氧化碳施肥，也应在光合作用较强的上午进行。植株白天积累的养分在夜间转运到根、茎、叶、果中。转运养分以较高温度运转较快，如果夜温16～20℃时只需2～4小时即转运完。夜温过低养分运转不彻底，会影响第二天的光合作用积累养分。所以，为促进养分运转和降低植株本身的消耗，可在上半夜控制在16～18℃，到下半夜控制在10～14℃，即所说的"四段变温管理"。

太空黄瓜因根系对低温反应比其他果菜的根系敏感。根部生长的适温为20～23℃，生长最低温为8～12℃，最高温为32～38℃。根生长的温度以不低于15℃为宜，地温低于12℃以下时，根系不伸长，根毛不发生，吸水吸肥受抑制，所以地上部不生长，叶色变黄，甚至发生"沤根"、"花打顶"等现象。如果早春定植过早，地温过低，幼苗虽未冻死，但会影响根系和以后植株生长，使幼苗发黄，以后温度升高后缓苗恢复生长慢，抗逆性差，所以要适时定植。

太空黄瓜在阴天光照不足时较低的温度比较高的温度有利于减少植株呼吸消耗养分，所以在阴天光照不良或日照时数少时，育苗和生产设施内的昼温和夜温都应比良好光照下略低一些。

一般低夜温和较大的昼夜温差有利于花芽向雌性花方向转化。幼苗期低夜温处理可在第 2 片真叶时开始，处理时最低夜温不低于 12℃（地温 16～18℃），处理 10 天，4 片真叶展开时处理结束，此时到第 11 节的雌花分化已定。但是，如果低温处理的时间过长（如子叶展开一直到定植）、温度过低（低于 10～12℃），易造成植株生殖生长过旺，而营养生长过弱，雌花分化过多，雌花畸形率高，养分消耗过多，反而影响正常坐瓜，达不到早熟丰产的目的，而且植株根系易受低温伤害。

不同生育阶段下的适宜温度如下：

（1）发芽期：温水浸种温度为 50～55℃，催芽 28～30℃。吸水膨胀的胚芽锻炼为 -1℃下 16 小时，然后是 25℃下放 8 小时。播种到出苗为 28～30℃，出苗至子叶初展期为 28～12℃。子叶展平至真叶出现为 20～10℃。

（2）幼苗期：第一叶展平适温为 22～12℃，第二叶展平 22～14℃，第三叶展平为 22～15℃，第四叶展平为 22～14℃。幼苗锻炼为 22～10℃。

（3）初花期：适温为 24～14℃。

（4）结果期：结果初期根瓜采收时适温为 24～15℃，腰瓜采收适温为 26～16℃；结果盛期适温，白天为 28～32℃，夜间为 18～15℃；结果末期，白天为 25～26℃，夜间为 15～16℃。

（5）回头瓜盛期：适温白天为 28～30℃，夜间为 18～16℃。

2. 光照

太空黄瓜为喜光蔬菜，光照充足有利于提高产量。光合作用的光饱和点为 5.5 万～6 万 Lx，光补偿点为 1 万 Lx，最适光强为 4 万～6 万 Lx。光合作用以上午最强，占全天的 60%～70%，生产中一定要保证上午的光照，太空黄瓜为短日照蔬菜，8～11 小时的短日照有利于雌花分化和形成。

太空黄瓜对散射光有较强的适应性，在一定的范围内可增加叶面积，来弥补和适应光照的不足。所以在相对露地光照弱的保护地也能取得高产。光照降到自然光照的 1/2 时，太空黄瓜同化量基本不变。当光量下降为自然光照的 1/4，植株生育不良，会引起"化瓜"等现象。由于太空黄瓜具有一定的耐弱光性，在冬春保护地和夏季遮阴栽培时仍能取得高产。

3. 水分

太空黄瓜喜湿、怕涝、不耐旱，要求较高的土壤湿度和空气湿度。太空黄瓜的一切生命活动均是在水存在的条件下进行的，太空黄瓜果实中 95% 以上均是水分，所以水分的供应是太空黄瓜取得高产的关键因素之一。根系浅，吸收能力弱，但土壤水分过多，甚至积水，不仅影响根系呼吸，甚至出现根系窒息而死；当空气湿度在 70%～80% 时生长良好，湿度过大会引起多种病害的发生，当达到饱和时叶片水分蒸发很小，从而影响根系对水分、养分的吸收。

不同生育阶段对水分的要求不同：

（1）发芽期：浸种催芽时要求水分充足，促进种子内物质的转化，利于迅速出芽，但播种时水分不能过大，以免烂种。

（2）幼苗期：适当供水，不可过湿，促控结合，以防寒根、徒长和病害发生。

（3）初花期：对水分要适当控制，以平衡水分、温度和坐果，以及地上部和地下部的平衡，营养生长和生殖生长的平衡。

（4）结果期：此期营养生长和生殖生长同时进行，植株叶面积迅速增加，果实收获量很大，此期必须有充足的水分供应。

4. 土壤

太空黄瓜要求含有机质丰富、通气性好的肥沃土壤。在沙性土壤上栽培太空黄瓜，早春土壤增温快、土壤通气性好，生育前期易出苗，但漏水漏肥严重，植株易早衰，栽培中应多施有机肥，并经常追肥浇水；而黏性土壤上栽培太空黄瓜，土壤通气性差，排水不良，早春增温慢，苗期不易发苗，生长慢，但坐果后生长速度加快，即"发老不发小"。在黏性土壤上栽培早春要注意采取保温和增温措施，防止沤根等现象的发生，栽培中也要加强施入有机肥。太空黄瓜生长适宜的 pH 值为 5.5 ~ 7.6，最适宜的土壤 pH 值为 6.5。

由于过多追施化肥，易造成土壤中盐类浓度增加，所以栽培中要注意加强施入有机肥，采收期间也尽可能多追施有机肥。特别是保护地，由于连年种植黄瓜等蔬菜，同时化肥使用过多，使土壤严重盐渍化，影响太空黄瓜的正常生长。对盐类浓度较高的保护地要尽可能地增施有机肥，使之多接受雨水把盐分淋溶到土壤下层（或农闲时大水漫灌压盐），以减少其危害。

5. 肥料

太空黄瓜生长期长，生长量大，产量高，生长期间需要大量肥料。生长发育过程中有机肥很重要，它不仅供应太空黄瓜多种营养元素，且可改善土壤结构，促进根系生长。每生产 5000kg 太空黄瓜，大约需要氮 14kg、磷 4.5kg、钾 19.5kg，同时还需要一些微量元素。太空黄瓜生产中一般较重视氮的施用，实际上还应重视钾肥的施用，特别是多年种植黄瓜的保护地更需要加强钾肥的管理。太空黄瓜较喜欢硝酸性氮肥，氨态氮不利于根系活动，所以使用硝态氮或尿素等较安全，效果较好。

四、育苗技术

根据太空黄瓜栽培的季节，育苗可分为早春（包括冬季）保护地育苗和夏秋季露地育苗。冬春和早春保护地育苗主要是克服低温。冬季和早春太空黄瓜育苗是大多采用单粒催芽的种子直接点播的方法，也有先进行撒播，再经分苗育苗的方法；夏、秋露地育苗主要克服高温、强光和暴雨等对幼苗的影响，一般要采用遮阴、防雨等措施。夏秋太空黄瓜大多采用直播的方法，也可采用育苗移植。

育苗移植可采用保护地育苗的方式。我国无论南方还是北方，在早春或冬春进行露地或保护地栽培均进行保护地提前育

苗，以便利于人工创造适于太空黄瓜幼苗生长的小气候和便于幼苗的集中管理，当露地或保护地适于生长时，即定植于露地或保护地中，以延长生长时间，取得高产和延长供应期，所以培育壮苗是太空黄瓜丰产、高效栽培的基础。

太空黄瓜壮苗（传统的育大苗）的标准是：南方日历苗龄30～40天，北方45天左右，苗高17～20cm左右，茎粗壮（近1cm以上），节间短（长3～5cm），下胚轴高3～4cm，4～5片充分展开的叶片，叶片肥厚，叶色浓绿，叶面和叶背刺毛硬，根系多，主根粗壮而白，次生根根毛多。在温室中育苗者子叶肥大、不黄、不落，叶缘稍向上扣。雌花未开放，但发育正常。育苗中要防止徒长苗和老化苗。幼苗过大，定植时不利于缓苗，以后易染病害，引起化瓜等；幼苗过小，虽定植时易成活，但采收期推迟，不利于早上市。

（一）营养土和育苗床的准备

1. 营养土的准备

无论在什么设施内育苗，采用营养土方畦面直接点播，还是育苗钵育苗方法，均要配制营养土，营养土配方较多，不同的种植户根据自己的条件而定。原则是苗床中的营养土要肥沃，富含有机质，土质疏松，有良好的物理性状，通气性良好，保水力强，才能有利于太空黄瓜的生长和发育。

营养土配制时一般充分腐熟的优质有机肥占30%～70%，肥田土占70%～30%，可根据肥力情况确定是否加入磷酸钙或磷酸钾复合肥（一般不超过0.5%）和尿素（不超过0.1%），土壤黏重的，可加入一定量的粗沙和蛭石，用穴盘育苗的，可用蛭石和草炭按1：1（播种）或1：2（分苗）比例配制。

2. 育苗床的准备

一般分为营养土方、营养钵、育苗盘和育苗穴盘的方法。采用营养钵等护根育苗培育的黄瓜苗，有利于定植后的缓苗和生长。

（1）营养土方：先在育苗设施内整理好育苗畦，在畦内铺好10cm的营养土，踩实、整平、灌透水，待水渗透后按10cm见方划方，播种时将种子点播营养方的中间。

（2）育苗钵：用一定大小的育苗钵培育瓜苗，有利于保护根系，是较好的育苗措施。育苗钵可就地取材，小瓦盆、冰淇淋盒等，有条件的采用塑料育苗钵。太空黄瓜育苗一般采用 10cm × 10cm × 8cm 或 8cm × 8cm × 6cm 规格的塑料钵。使用时只要将营养土装入，摆放在育苗畦内即可浇水播种。定植时，从塑料钵中倒出，即可定植。

（3）育苗盘：利用育苗盘育苗可随时移动位置，有利于调整幼苗的生长和充分利用保护设施。有条件的可利用育苗盘进行立体育苗，以充分利用空间，育苗架应东西延长，育苗盘是南北放置的。点播者要求育苗盘中营养土厚度不小于10cm。直接点播的育苗盘可用木材自制，为方便搬动，一般长 70 ~ 80cm，宽 40cm 左右，高 13 ~ 15cm 左右，底部用木条、竹竿、树条等铺底，以便透气。生产的育苗盘一般长 60 ~ 70cm、宽 20 ~ 25cm，高约 5 ~ 6cm 左右，底部有网孔，一般适用于撒播。

（4）穴盘育苗：穴盘育苗更便于育苗管理和定植操作，又有利于保护根系。生产上一般用 50 孔穴盘进行育苗。在幼苗较小时（3 片叶）即可定植，否则幼苗拥挤，易徒长。穴盘育苗的营养土应采用轻质的草炭、蛭石和优质的有机肥作基质进行无土育苗。在育苗期间还需要浇 0.1% ~ 0.2% 尿素和磷酸二氢钾等营养液。

五、栽培管理技术

太空黄瓜从定植起，经历生长、开花、结果、衰老和拉秧等过程，在这一过程中，要及时采取各种栽培管理措施，促进植株的生长发育，协调和平衡地上部和地下部、营养生长和生殖生长的关系，促进坐瓜和瓜条的生长，才能取得早熟和高产，增加效益的目的。太空黄瓜不同地区、不同时节、不同的设施栽培技术有不同，但它们都有相同的共性。下面介绍栽培中一些共同的管理技术措施。

（一）定植

1. 选地、整地和施基肥

由于太空黄瓜根系分布浅、吸收能力差，对环境反应敏感，所以，栽培太空黄瓜宜选择土层深厚，有机质含量丰富，保水、保肥和通气性良好的土壤，地块要有利于排水和灌水。前茬作物最好不是葫芦科蔬菜，以减少病虫害发生和平衡土壤养分。

定植前应精细整地，并施足基肥，整地前要彻底清除前茬的枯枝落叶，搞好田间卫生，以减少病虫害。特别是保护地重茬栽培地块，更要清除彻底。除彻底清茬外，露地或大棚可结合越冬进行冬耕，大棚温室等进行高温闷棚，以利于减少病原菌和虫卵，改善土壤理化性质，太空黄瓜产量高，生长量大，整地时必须施入大量基肥，特别是肥力较差的新菜地，更要重视多施入基肥，这是取得高产和优质的基础。施基肥可采用普施或集中施入。普施基肥应在耕地前施入，随耕地翻入土壤中；集中施肥是在耕地做畦时施入畦中或沟内，再将畦深刨、整平。集中施肥，养分集中，有利于太空黄瓜更充分和快速地吸收利用。一般要求亩施优质有机肥 6000~8000kg，同时加入过磷酸钙 30~50kg（可将过磷酸钙与有机肥提前堆积发酵），还可加入饼肥 200~300kg、草木灰 50kg 左右。保护地等覆盖栽培，生长期长，产量高，需肥量大，基肥施用量应高于露地。

2. 定植前的准备

太空黄瓜春季露地和保护地的定植期，在不同的地区和不同的保护设施内，由于气候条件的不同定植期有很大的区别。定植期确定的主要原则是定植地块的环境条件（主要是温度影响），能基本保证幼苗定植后的正常生长不会受冻，或由于低温因素使幼苗受到伤害，如华北地区露地太空黄瓜的定植期一般在 4 月中、下旬，平均温度达到 12～15℃时定植，而大棚春季可提前在 3 月下旬，地温达到 13～15℃时定植。春季尽早定植有利于太空黄瓜早上市和延长生长期，可显著提高太空黄瓜的产量和效益。定植太晚，不利于早熟，生长期也相应缩短，病虫害发生也较严重，明显影响太空黄瓜的产量和质量，效益下降。在确定定植时间后再根据育苗的方法、育苗场地的环境条件（主要是低温的影响）及定植时的苗龄，进一步确定播种期。

定植在夏、秋季露地和保护地的黄瓜定植期，主要与栽培方式、采收供应期、气候条件（如高温、暴雨）、病虫害、幼苗的大小有关。主要原则是以定植后太空黄瓜能正常生长。生产中常采用直播法，也有采用育苗移栽的方法。

3. 整畦方式

太空黄瓜定植畦主要有低畦（也叫平畦）、小高垄（开沟起垄）、高畦等形式。在北方春季雨水较少、地下水位低的地区常采用低畦（平畦）栽培；北方夏季雨水较多的季节，或在南方春季雨水多、地下水位高的地区常采用高畦栽培；采用地膜覆盖的也采用高畦或小高垄栽培。

4. 定植方法

太空黄瓜均以带土坨的方式定植。纸筒袋育苗的，可带纸筒定植，营养钵育苗的在定植时将苗取出定植。无论用什么方式育的苗，定植等操作过程中尽可能地保持土坨的完整，防止散坨，以保护太空黄瓜根系，有利于定植后的缓苗生长。定植的深度以土坨面与畦面相平或略低为度。

为了有利于定植后幼苗的缓苗生长，生产中可采用不同的定植方法。根据原理可分为暗水定植和明水漫灌两种。暗水定植：在早春等露地或保护地定植太空黄瓜时，为防止由于定植浇水而降低土温而采用的方法。一般的做法是先开沟或挖穴，再浇水、

摆苗，待水基本渗下时覆土。这种方法有利于保持土壤温度，防止定植后土壤板结，利于幼苗恢复，但费工、速度慢。明水漫灌：这种方法是在畦面上栽苗，再统一浇水（大水漫灌），所以操作简单、速度快，但易造成土温明显下降和土壤板结，费水费电。

5. 护根肥

基肥不足时，为充分利用少量的肥源和促进瓜条生长，可施穴肥、沟肥等护根肥补充，由于护根肥集中在幼苗根系周围，幼苗根系恢复生长或幼苗新根生长即可得到充足的养分，可显著促进幼苗前期生长，为早熟高产打下良好的基础。肥料一般用饼肥、粪干、二铵、尿素等，施用量不能太大，也不要直接与根系接触。施入有机肥一定要充分腐熟。一般二铵、尿素等化肥亩施 5 ~ 10kg，饼肥等有机肥亩施 50 ~ 100kg。先将肥料施到沟内、穴内，再与土混匀，然后栽苗灌水。

（二）地膜覆盖栽培

1. 地膜覆盖

地膜覆盖的种类很多，功能也不相同。早春使用地膜主要目的是提高土壤温度，适用于早春露地和早春保护地使用的地膜主要有 0.01 ~ 0.016mm 厚的透明聚氯乙烯膜，无色透明膜土壤增温效果明显，是目前栽培使用最普遍的种类。其他种类的地膜，如有孔膜、杀草膜、杀菌膜、降解膜等也有少量应用，或处于试验阶段。地膜覆盖可使土壤地温增加 2 ~ 5℃；减少土壤水分蒸发，有利于保墒，同时减少田间空气湿度，可减少病害的发生，地膜覆盖可防止雨水冲刷和灌溉造成的土壤板结，改善土壤的理化性质，减少土壤养分的流失和淋溶，肥效提高。另外地膜具有一定的反光作用，可提高田间光照强度 10% 左右。地膜覆盖后有利于早缓苗、早发根、早生长、早结果，是一项很实用的早熟、丰产措施。用无色透明地膜覆盖，如果使用不当，易造成杂草大量生长，甚至将地膜从地面顶起而失去作用。整地时土要细碎，畦面平整，地膜要拉紧，并贴紧地面，使地膜和畦面间无空隙，这样杂草种子一旦萌芽即碰上地膜而被烤死。

2. 地膜覆盖的方式

太空黄瓜上地膜覆盖的方式多种多样，归纳起来主要是小高畦、小高垄、平畦等覆盖方式。

（1）小高畦栽培：小高畦栽培是地膜栽培中较常用的方式。无论是保护地、春露地，还是夏、秋均可是采用。规格是：总宽约 1.1m，畦面宽 50~70cm，沟宽 60cm，畦高 10~12cm。一畦上栽 2 行，株距 20~25cm。小高畦地膜覆盖主要有两种：第 1 种是在整好的小高畦上直接覆盖地膜，第 2 种是在小高畦中间挖浅沟，灌水在膜下小浅沟进行，这种较适合保护地中使用。小高畦的制作方法是先施底肥，再起垄作畦，然后盖地膜，一般用宽幅 70~80cm 的地膜。

小高畦的高度应根据不同地区、不同地势和土质，不同的季节、气候、地下水位和降雨情况等灵活掌握。畦高有利于早春土壤温度的升高和雨季等排涝，但不利于灌溉。所以在沙质土壤、地下水位低、较干旱的北方春季露地和保护地栽培时，小高畦的高度不宜太高，实际生产中以 10~20cm 为宜，相反情况下，小高畦高度应相应提高，实际生产中以 15~30cm 内调整。畦方向以南北延长为好，以利于一天中受光均匀。

（2）小高垄栽培：规格是垄宽 20cm，小沟宽 20cm，大沟宽 50cm，垄高 10~12cm，每垄上栽一行太空黄瓜，株距 20~24cm。小高垄制作方法是：先整好地块，土要细碎平整然后顺起垄线施上底肥，再起垄，并将底肥埋在垄内，垄要高低一致，呈拱圆形，最后盖上地膜。盖地膜时可用 40cm 宽幅的地膜。膜两侧用土压紧，也可用宽幅 1m 的地膜将 2 个小高垄和 1 个小沟一起覆盖，并在大沟内用土压膜，这种可在膜下灌溉，有利于降低田间湿度，减少病虫害，常在冬茬栽培中使用。

（3）平畦覆盖：按 70～100cm 宽畦面，畦埂底宽 30cm，高 10cm 左右，再在畦上覆盖地膜，这种方式可在畦面上浇水，有利于畦面保墒，同时土壤中水分可通过畦埂直接蒸发，使土壤盐分向畦埂运动，有利于盐碱地种植蔬菜，也有利于抗旱，但增温效果不如小高畦等覆盖方式。适用于干旱地区，特别是西北和青藏高原以及北方盐碱地区蔬菜生产。

地膜覆盖的栽培管理特点：地膜覆盖后，不但使土壤的环境、近地面小气候、植株的生长发育发生了许多变化，而且太空黄瓜的栽培季节、种植方法、水肥管理也发生了一定的变化。第一，适时播种和定植：采用沟畦式沟植等膜下防霜覆盖栽培的，由于定植期比露地太空黄瓜早定植 10～15 天，所以播种也应相应提早 10～15 天，而普通的高畦、高垄覆盖定植期一般与露地相同。第二，造墒保温：为充分发挥地膜覆盖的增温保墒作用，一般在定植初期尽可能不浇水，所以覆盖地膜时土壤底水必须充足，因此早春应提前浇水造墒，及时整地作畦和盖膜。第三，保证铺膜质量和除草，铺膜一定要做到膜面无褶皱，松紧合适，四周用土均匀埋压，定植孔要用细土封压好，以利于保墒和增温，整地改膜均应比定植早 10～15 天，以利于烤地增温，同时盖膜是在畦面上喷除草剂，防除杂草。第四，施足基肥，适时追肥：地膜覆盖后可减少土壤养分的流失，有利于土壤疏松、肥效的充分发挥，植株根系发育好，前期生长旺盛，但覆盖地膜后，一般不能再追施有机肥，追速效性化肥效果也差，所以地膜覆盖栽培在施肥上与一般的栽培有所不同。特别要加强基肥的施入量，并施足全元素肥（增施磷、钾肥）。在冬耕施 1 次有机肥，整地作畦时再施入 1 次底肥，最好直接施于栽培沟内，并将全生育期所需的肥料全部施入。基肥量要比露地栽培多施 30%～50%，以有机肥为主，氮、磷、钾及微量元素搭配（以颗粒复合肥为宜）。为克服追肥不方便的缺点，可结合打药等增加叶面追肥的次数，喷施尿素、磷酸二氢钾、微量元素或各种叶面肥制剂。第五，防止烤苗：采用地膜下防晒覆盖栽培的（如沟畦、朝阳沟覆盖等），定植后要根据天气情况，在幼苗四周抠小孔放风，但不能在幼苗顶部抠孔，以防晒苗，以后逐渐扩大放风量，终霜后在适宜天气太空黄瓜生长时把苗引出膜孔，然后用细土封严。采用小高畦矮拱棚覆盖栽培的，定植初期一般不放风以促进缓苗。定植三四天后浇一次缓苗水。当小拱棚内温度超过30℃时放风，放风在背风面支起地膜放风，终霜后气温适宜太空黄瓜生长时，拆除小拱棚，将地膜铺在畦面上。第六，除草：地膜覆盖栽培前期不能中耕，只能锄垄背，由于阳光直照畦面，一般杂草被烤死，中、后期后阳光不能照到畦面，易生杂草，当杂草过多顶膜时，可将膜中间划开，除草后重新盖好。第七，浇水：浇缓苗水至根瓜"黑把"一般不浇水，进入盛果期，一般7天左右浇1次水，灌水从畦沟灌，再靠土壤毛细管吸力洇湿垄下土壤，所以地膜覆盖的灌水要足，如果结合滴灌效果更好。

六、定植后的栽培管理

（一）中耕、锄草和蹲苗

中耕是太空黄瓜栽培中很重要的栽培管理措施，对黄瓜根系生长尤为重要。特别在早春等低温季节，中耕有利于提高地温，减少土壤水分蒸发，又可保持地面疏松干燥，减少田间的空气湿度，从而减少病虫害发生，中耕还可增加土壤的通气性，促进根系的生长。太空黄瓜栽培中要进行多次中耕，特别是土壤黏重、早期低温、灌水或雨季时更要经常中耕，一般栽培中要进行3～4次中耕或更多。

早春地温低，又较干旱，定植缓苗后要及时中耕。定植后3～5天生长点有新的嫩叶发生，说明根系已恢复生长，可浇缓苗水，干旱地区浇水后3～5天即可中耕。此时苗小，可深耕6～8cm，但绝对不能掀动幼苗的土坨，这次中耕后太空黄瓜进入蹲

苗期。过 5 天左右应进行第 2 次中耕，中耕深度在 5～6cm，支柱根部要浅中耕。

太空黄瓜控水蹲苗 7～10 天，叶色加深，茎蔓粗壮，根瓜已坐住（根瓜的瓜把由黄绿变成深绿，即根瓜"黑把"是结束蹲苗的标志），此时土壤稍显干燥即可灌水，灌水后 4 天左右，地面早起见湿、上午见干时即可中耕。这次中耕又兼有除草的作用，因此中耕要细致，同时由于太空黄瓜生长较旺盛，根系也发达，中耕的深度不能太深，一般以 3～4cm 为度。

插架后，垄间有时会滋生杂草，所以还要用小锄经常进行中耕除草，由于植株生长旺盛，用锄不方便时，可用手拔除杂草，特别是在夏季栽培的更要加强中后期的除草管理。

地膜覆盖一般不进行中耕，但没有被地膜覆盖的垄沟也要经常除草。在太空黄瓜生长中、后期，如果地膜覆盖质量不好，膜下杂草丛生，且地膜多出破孔时，可进行一次浅中耕，将地膜和杂草一起锄掉，并把地膜和杂草一起清出地块。

（二）插架和植株调整

1. 插架和绑蔓

太空黄瓜幼苗生长到 25cm 以上，经浇水中耕后就应插架，插架可就地取材，只要是直径 1.0～1.5cm，长度为 2.0～2.5cm，质轻、无叉、直，有一定强度的材料均可，一般用竹竿为宜。为节约成本、便于操作、减少遮阴，也可用尼龙丝、塑料绳、麻绳进行吊蔓栽培。吊蔓栽培还便于瓜蔓长到棚顶时进行落蔓，有利于太空黄瓜的生长。

竹竿等插架的方式主要分为"人"字架和花架。插架时架杆要在离植株 6～7cm 外侧插入，过近容易伤根，插在内侧，架的角度太大不稳。重复使用的架杆应用石灰水或多菌灵消毒，以减少病虫害传播。

绑蔓是一项经常性的细致操作。开始绑蔓幼苗在架内侧，以后再翻转到架杆的外侧，使植株的叶片和果实均匀地分布在架杆的外侧，每隔 5 片叶绑一次，蔓与架杆成"∞"字形，防止下滑，不能绑得太紧，以防枝条生长变粗后勒蔓。

2. 去卷须和雄花

太空黄瓜卷须发生多、发生早，与雌花的发生和生长争夺养分，所以在栽培中要结合绑蔓，尽可能地摘除卷须（人工绑蔓后卷须失去了原有的作用）。这有利于减少养分消耗，增加产量。去卷须应在其 3cm 左右尽早除去；由于太空黄瓜单性结实能力强，特别在保护地中雄花对坐果没有太大的帮助，应在能识别雄花的小花蕾时就摘除。如到开放的时候再去除就达不到节约养分的目的。

3. 打杈

太空黄瓜以主蔓结瓜为主，在根瓜未坐住或坐瓜初期侧蔓就发生并迅速生长，会影响主蔓上瓜条的发育，影响产量和品质。侧蔓太多，生长过密，影响通风透光，易引起病虫害。所以在栽培中，特别是定植到结瓜初期，要加强打杈管理。刚定植缓苗为促进根系生长和发秧，起初打杈可适当推迟，可在侧蔓长到 3 片叶时打去侧蔓的生长点，当主蔓进入旺盛生长后，可在侧蔓的第一雌花节位前留一片叶打顶。打杈应在晴天进行，以利于伤口愈合。避免伤口腐烂和病害的传染。

4. 疏花

春季栽培的太空黄瓜由于育苗期间温度较低，日照较短，常雌花分化很多，甚至连续出现雌花或 1 节 2 ~ 3 个雌花，而太空黄瓜吸收的养分和茎叶造成养分能力是有限的，所以雌花过多不仅消耗养分，而且化瓜率增加，或畸形果增多，化瓜多还影响早熟性，引起植株徒长，最终影响产量和品质。所以当雌花率过高时，在开花前应该疏果。一般每株留 1 条即将成熟的瓜，1 条半成品瓜，1 个正在开放的雌花，隔 1 ~ 2 片叶留 1 雌花，夏、秋栽培的太空黄瓜，环境有不利于雌花分化，所以夏秋栽培的不需要疏花。

5. 去老叶、病叶

太空黄瓜生长的中后期，下部叶片开始老化，或因发生病害，下部叶片黄化干枯，失去光合能力，影响田间通风透光。此时应及时打去黄叶和重病叶，也可疏去个别内膛互相遮阴的密叶。打去的老叶和病叶必须清除出田间，深埋或烧毁，但去叶必须适度，对于叶片大部分为绿色，能进行光合作用，又不过密的最好不要打去。摘除过多下部叶片，会造成严重的化瓜和徒长，是不可取的。

（三）水分管理和蹲苗

太空黄瓜定植浇定植水有利于植株成活和缓苗生长，为了提高地温可采取暗水定植。当定植 3～5 天缓苗后新叶开始生长时，浇一次缓苗水，然后中耕蹲苗，进入蹲苗期是否浇缓苗水根据田间环境和田间含水量而定，如北方露地田间水分散失快，一般浇缓苗水再进入蹲苗期，而保护地栽培由于水分蒸发慢，当定植水浇的很足时，可根据情况不浇缓苗水就进入蹲苗期。

蹲苗期是太空黄瓜正长蔓发棵，要控制浇水和追肥，促进植株根系生长，促进植株营养生长和生殖生长均衡发展，是栽培中促控结合、以控为主的一段管理时期。一般在定植后浇过缓苗水结合中耕松土进入蹲苗期，直到根瓜坐住"黑把"时结束（瓜条长 13～17cm），结束蹲苗开始浇水，此水称"催果水"，催果水如果浇早了，易造成植株徒长，坐瓜推迟或化瓜。如果过晚使植株蔓生长受阻，果实变小，生长缓慢，影响产量和质量。

蹲苗期经常中耕，保持土壤疏松、地表干燥，促使植株形成强大的根系，为以后植株旺盛生长打下基础。蹲苗期一般在 10 天左右，但蹲苗长短要根据土质、气候和植株生长情况灵活掌握。天气干旱蹲苗要短，沙质土壤漏水漏肥严重，蹲苗期不明显；而保水力强的黏土蹲苗期可适当延长。

蹲苗期结束后太空黄瓜进入结果期，这段时期植株生长很快，平均1.5天展1叶，同时果实生长量大，所以需水量大。结瓜期要经常浇水，保持土壤见干见湿。在雨水较少的天气下，一般南方7～8天浇1次水，北方5～6天浇1次水。保护地栽培的太空黄瓜前期生长水分蒸发相对较少，可适当减少浇水量，而中后期设施内温度较高，水分蒸发较大，设施内不能接受雨水，所以浇水量要增加。

总之，太空黄瓜生长期长，生长量大，果实中95%以上是水分，所以栽培中需水量大，特别是结果盛期必须水分供应充足，供水不足时植株老化，根系生长差，化瓜多，畸形瓜多，严重影响产量和品质，但太空黄瓜根系怕水多，土壤过湿会影响根系的呼吸代谢，造成植株生长弱，叶片等发黄，甚至植株调萎、死亡。水分管理应根据天气变化、土壤状况、植株生长情况等进行综合判断，初花期水分管理主要是"控"，而结果期的管理只要"促"，结果期管理原则是先轻促，后大促，再小促。在多雨的季节要及时排水，不能让雨水长时间浸泡植株，避免造成死秧。

（四）追肥和根外施肥

太空黄瓜栽培中除了施足基肥外，在栽培中，特别是结瓜期还要经常追肥。定植时可根据情况追自护根肥。当幼苗定植缓苗恢复生长浇缓苗水时可少量追施速效性氮肥，可亩施5～10kg尿素。当蹲苗结束后瓜秧将近架顶时在畦间开沟施入优质有机肥，并配合施入磷、钾肥。结瓜盛期每7～10天，隔1次水追肥1次。追肥主要以尿素等氮肥为主，配合施入少量磷、钾肥，以少施勤施为原则，整个栽培过程中掌握"两头少中间多"的原则。追肥必须要与浇水相结合，追肥方法上以开沟条施或穴施有利于提高肥料的利用率。

除土壤施肥外，还可以采用根外追肥，即叶面施肥的方法。叶面施肥见效快，利用率高，是目前栽培中常用的增产措施之一，叶面施肥不但可喷氮、磷、钾等大量元素，而且可追施各种微量元素及各种特制的叶面肥，特别是在太空黄瓜生长前期和中后期吸收力较弱，对营养反应较敏感时，叶面追肥效果更好。在苗期叶面喷施 0.3% 磷酸二氢钾还可以促进雌花分化。叶面施肥可结合打药进行，一般 7～10 天喷施 1 次。叶面肥以早上和傍晚叶面蒸发量小进行为宜，阴天施用效果更好。施用的浓度不能太高，以少量多次为原则，避免出现肥害。

保护地中，特别是大棚和温室中还可进行二氧化碳施肥，增产效果显著。

（五）采收

正确的采收有利于提高太空黄瓜的产量和质量，同时还可调节营养生长和生殖生长的平衡。我们在实际生产中都知道根瓜应早摘，生长弱的矮小植株上的瓜也要早摘，以促进植株生长。太空黄瓜的果实生长膨大速度呈"S"形，即开花后 3～4 天内生长量小，开花后 5～6 天起迅速膨大，果实重量大约每天增加近 1 倍，到 10 天左右开始变慢，但每天仍增重 30%。采收商品瓜的标准要根据当地的消费习惯，同时要根据植株不同生育期的特点和市场行情灵活掌握。既要提高经济效益又把握植株生长情况，适时早摘、勤摘，瓜不坠秧为原则。采收时要轻拿轻放，根据质量要求将瓜条整齐、顺直的正品和弯曲、畸形瓜分开放置，避免碰伤，以利于保鲜和运输。

太空黄瓜营养丰富，味道好，仅维生素 C 就比普通黄瓜提高 44%，可溶性固形物提高了 20% 左右，铁含量提高 40%；鲜食还有利于人体消化，是人体补充矿物质、维生素及碘的很好的食物来源。由于太空黄瓜的品质、营养的提升和栽培抗逆性的增强，使它的食物保健作用更为突出，市场需求量逐年增大，太空黄瓜栽培经济效益日趋凸显，成为价值较高的高档蔬菜品种之一。

第四节　太空苦瓜栽培技术与管理

太空苦瓜也是利用返回式卫星将苦瓜种子搭载，经过空间宇宙辐射、微重力、高真空、超低温、交变磁场等因素扰动，再通过地面筛选和培育成的高产、优质、早熟、抗性强的航天菜品种，这种新型果菜不仅味道上乘，还具有医疗保健功能，种植前景十分广阔。

一、太空苦瓜植物学特征

1. 根

太空苦瓜为直系根，比较发达，但根系以地表 10~20cm 内分布最多，所以太空苦瓜喜欢疏松肥沃的土壤，但又怕积水，积水易造成根系窒息死亡，喜湿怕涝。

2. 茎

太空苦瓜茎蔓生，细长，可达 3m 左右。主蔓各节均能发生侧枝，并可形成多级侧枝，植株在适宜的条件下生长繁茂，一般主蔓上 10 节以上才会发生雌花，而侧蔓发生雌花比主蔓早。所以栽培中应根据栽培的环境条件和株行距，适时进行摘心促使萌发侧蔓、打杈和整枝，以改善田间通风透光状况，减少病虫害，促进果实膨大，提高果实的产量和质量。

3. 叶

子叶生长的好坏与种子的成熟度有关，种子成熟度好，子叶肥厚、圆满。如果种子成熟度不好，子叶易畸形，且小而薄，初生真叶两叶对生，盾形，绿色，以后真叶互生，太空苦瓜真叶为掌状浅裂，呈钝锯齿形。

4. 花

太空苦瓜的花为雌雄同株异花，花冠黄色，虫媒花。所以在保护地反季节栽培或不利于昆虫授粉的条件时应进行人工辅助授粉，促进坐果。

5. 果实

太空苦瓜果实表面有瘤状突起明显，为长条瘤。太空苦瓜嫩果绿色至浅白色，老熟瓜为橙红色，易开裂果肉鲜红色，有甜味。

6. 种子

太空苦瓜种子较大，短圆形，浅黄色，似龟甲状，两端有锯齿，表面有雕纹，生产中种子使用年限一般为 1～2 年。太空苦瓜种皮厚，发芽较慢，发芽对温度的要求较高，出土时间较长，播种前应进行种子处理。

二、生长发育规律

太空苦瓜的生长发育过程可分为发芽期、幼苗期、抽蔓期、开花结果期。整个生长过程约需 100～200 天，如果管理精细，水肥充足可在 200 天以上。

种子发芽期是指从种子萌动到子叶展开为止。这一段时期主要在适宜的温度和湿度下迅速发芽，约需 5～10 天。幼苗期是指第 1 片真叶开始出现到 5～6 片真叶展开，植株开始出现卷须为止，在 20～25℃ 的适宜温度下约需 25 天左右。幼苗期已开始发芽分化，管理上主要采用控温的方法培育壮苗，幼苗期间要注意防止高温，特别是高夜温，以及水分过多而造成徒长苗。抽蔓期是指幼苗开始发生卷须到植株开始现蕾（雌花）为止。此期茎有原来的直立生长转向匍匐生长，植株由营养生长为主转向生殖生长和营养生长并举，所以管理上既要促进植株生长，形成强大的根系和健壮的地上部，同时要促进坐果。开花结果期是指植株从现蕾到生长结束为止，开花结果期的长短与栽培的管理水平和栽培环境条件有关，露地栽培一般 50～70 天，在保护地中栽培可达 150 天以上。

三、对环境条件的要求

1. 温度

太空苦瓜喜温暖、耐潮湿、不耐寒，根系的生长发育适宜温度为 18~25℃，地温过低根系生长慢，地温过高根系易木栓化，植株易早衰。太空苦瓜种子适温为 30~35℃，20℃时发芽缓慢，13℃下发芽困难。幼苗期的生长适温为 20~25℃，抽蔓期和开花结果期的适温为 20~30℃，并能耐 35~40℃的高温。

2. 光照

太空苦瓜属于短日照植物，但对日照时间的长短要求不严格，在不同的日照条件下均能开花。要求较强的光照强度，如果光照太弱，易引起落花落果。幼苗期光照太弱会造成幼苗生长细弱、徒长，对低温等不良环境的抵抗能力相对较弱一点。

3. 水分

太空苦瓜喜湿但不耐涝，要求土壤的相对湿度为 80%~85%，特别是开花结果期要求较湿润的条件，但关键是不能积水，积水造成根系窒息，所以在生产栽培中要防止大水漫灌，雨季注意排水，保持较高的空气湿度有利于苦瓜生长发育。

4. 土壤和养分

太空苦瓜对土壤的要求不严格，但对根系积水缺氧敏感，所以选择土壤排水良好、通气性好的肥沃沙壤土栽培太空苦瓜。土壤中含有丰富的有机质是太空苦瓜植株健壮生长和取得高产优质的基本保证。如果土壤肥力不足，易造成产量低、品质差，且植株易早衰。

四、太空苦瓜的茬口的安排

太空苦瓜的耐热性强，抗寒性相对较弱，所以露地太空苦瓜的栽培常安排春季种植（定植），夏季收获供应市场，成为夏淡季供应的主要蔬菜之一。同时太空苦瓜是连续开花、连续结果采收的蔬菜。所以大多数北方地区均安排在春季种植，进行一年一作或两作栽培，华南终年无霜冻地区可进行秋播生产。在北京等华北地区，大多数在3～4月保护地育苗，4月下旬到5月上旬终霜后定植露地，6月下旬开始采收，一直可收获到晚秋或初霜期。

由于太空苦瓜的生长的适温较高，日光温室栽培苦瓜要特别注意栽培季节和影响温室内温度的温室结构，保证太空苦瓜开花坐果对温度的要求。华北等地日光温室冬春茬栽培可在2月中旬定植，以后气温逐渐升高，太空苦瓜坐果较好，日光温室冬茬栽培可于9月份播种，10～11月份定植，在元旦和春节期间采收，并可一直采收到第2年的6月份；而大棚中栽培的太空苦瓜可于3月下旬定植。

五、太空苦瓜育苗技术

（一）种子处理

太空苦瓜种皮较硬，为促进发芽和杀灭种子所带的病菌和病毒，在播种前常进行浸种和种子消毒。常采用温汤浸种，用50～55℃的温水浸泡10分钟左右，用水量是种子的5倍左右，处理时应不断地搅拌种子，使之受热均匀，然后在常温下浸种12个小时。浸种完后沥干水分，用湿毛巾包好，置于30～35℃的恒温环境下催芽，三天左右即可出芽，如果温度在20～25℃时需7天左右出芽，苦瓜出芽常不整齐，需将先出芽的种子先播种，而未出芽的种子继续催芽，亩用种量约250g左右。

（二）营养土和苗床的准备

1. 营养土

太空苦瓜的育苗，无论是采用营养土方畦面直接点播，还是育苗钵、育苗穴盘等育苗方法，均要配制营养土，营养土配方较多，种植户根据自己有利的条件而定。原则是苗床中的营养土要肥沃，富含有机质，土质疏松，有良好的物理性状，通气性良好，保水力强，才能有利于太空苦瓜的生长和发育。

营养土配制时一般充分腐熟的优质有机肥和肥田土（应3年内未种过瓜类蔬菜的无杂质的园土）混合。可根据肥力情况确定是否加入磷酸钾复合肥（一般不超过0.5%）和尿素（不超过0.1%），土壤黏重的，可加入一定量的粗沙和蛭石，用穴盘育苗的，可用蛭石和草炭按1:1（播种）比例配制。

2. 育苗床的准备

一般分为营养土方、营养钵、育苗盘和育苗穴盘的方法。采用营养钵等护根育苗培育的太空苦瓜苗，有利于定植后的缓苗和生长。营养土方：先在育苗设施内整理好育苗畦，在畦内铺好10cm的营养土，踩实、整平、灌透水，待水渗透后按10cm见方划方，播种时将种子点播营养方的中间。育苗钵：用一定大小的育苗钵培育太空苦瓜苗，有利于保护根系，是较好的育苗措施。使用时只要将营养土装入，摆放在育苗畦内即可浇水播种。定植时，从塑料钵中倒出，即可定植。育苗盘：利用育苗盘育苗可随时移动位置，有利于调整幼苗的生长和充分利用保护设施。穴盘育苗：穴盘育苗更便于育苗管理和定植操作，又有利于保护根系。穴盘育苗的营养土应采用轻质的草炭、蛭石和优质的有机肥作基质进行无土育苗。在育苗期间还需要浇0.1%～0.2%尿素和磷酸二氢钾等营养液。

3. 播种

太空苦瓜种子大，根系相对再生能力差，所以应采用催出芽的直接点播在育苗床或营养钵中，1次成苗，中途不再分苗。育苗尽可能采用营养钵等护根育苗。苦瓜种子较大，播种子后覆土要厚，一般要覆盖1.5～2cm，覆土太薄易出现"戴帽"现象，严重影响以后子叶的展开和幼苗的生长。

4. 播种后的管理

播种后立即在育苗床上覆盖地膜等保温保湿，等出苗后撤去地膜。刚播种时，温度控制在30℃左右，地温要保持在20℃左右，当出苗后，白天适当降温，白天降到23～25℃，夜间15～17℃以防徒长，苗期水分管理以见干见湿为原则，控水不能过度，但要注意控制温度。育苗过程中可结合打药喷施0.3%的磷酸二氢钾和尿素等叶面肥7～10天喷一次，共喷2～3次。定植前10天左右开始炼苗，白天温度降到18～20℃，夜间12℃左右，使幼苗增强抗逆性。

太空苦瓜壮苗标准，为苗龄40天左右，苗高20cm，四叶一心，子叶和第1对真叶完整，叶片厚实，颜色浓绿，根系发达，根色洁白，无病虫害。

六、生产栽培技术

太空苦瓜从定植起，经历生长、开花、结果、衰老等过程，在这一过程中，要及时采取各种栽培管理措施，促进太空苦瓜植株的生长发育，协调和平衡地上部和地下部，营养生长和生殖生长的关系，促进坐瓜和瓜条的生长，才能取得高产和优质的效果，增加效益。太空苦瓜因不同地区、不同时节、不同的设施栽培技术有所不同，但它们都根据太空苦瓜的生物学特性和生长发育条件进行更有利的调节。以利用最少的能源取得最高的经济效益。下面以太空苦瓜在日光温室栽培为例，介绍主要的管理技术措施。

1. 选地、整地、施肥

太空苦瓜根系发达，对土壤要求不严，但要高产、优质，则宜选择土层深厚，有机质含量丰富，保水、保肥和通气性良好的土壤，地块要有利于排水和灌水。前茬作物最好不是瓜类蔬菜，以减少病虫害发生和平衡土壤养分。定植前应精细整地，并施足基肥，整地前要彻底清除前茬的枯枝落叶，搞好田间卫生，以减少病虫害。特别是保护地栽培地块，更要清除彻底。太空苦瓜生长期长，只有供应足够的养分才能健壮地生长，并保持较长的采收期。所以基肥一定要施足，每亩施入充分腐熟的有机肥 6000kg 左右，过磷酸钙 80kg，磷酸二铵 40kg。施肥时先将 2/3 基肥铺施，经深翻 30cm，耙平，再按大行距 80cm，小行距 60cm，挖深约 30cm 的定植沟，将剩下的 1/3 基肥施入沟内，并使基肥与土混均匀，然后顺沟浇水造底墒，待墒情适宜时，在施入基肥沟上起 15～20cm 的垄，并在两垄间（小行距间）形成一条沟，然后在两小行距上盖上地膜，形成小高垄膜下暗灌的覆盖方式，有利于降低湿度，减少病害的发生，也可先定植再盖地膜。

2．定植

太空苦瓜均以带土坨的方式定植。定植的株距 30～40cm，太空苦瓜定植不能太深，以盖过土坨 1～2cm 为宜。采用坐水稳苗定植的，定植时覆盖地膜，畦面平整，土粒细碎，没有凹凸不平的现象，覆盖时一定要拉紧、伸平，将膜侧紧压入土，在栽苗的膜孔和破裂处均需用土盖严，不要产生跑气、散热的情况。为防止覆膜后杂草丛生，可在畦面和畦边在铺膜前喷洒除草剂。每亩定植 2700 棵左右。

3．定植后的管理

（1）温度管理：太空苦瓜喜较高温度，刚定植时温室应密闭不通风，尽可能提高室温，保持温室内温度 30～35℃，夜间不低于 15℃。空气相对湿度白天 70%～80%，夜间 85%～90%。白天超过 35℃时可于中午小放风。使植株早发根，早生长。幼苗开始发生新叶缓苗生长后，要降低温度到白天 20～25℃，夜间 13～15℃，地温保持在 14℃以上。进入结果期，室温逐渐上升，晴天应加大通风量。太空苦瓜在生长过程中尽可能延长光照时间，增加光照强度，如采用透光性好的薄膜，经常打扫膜上的灰尘，在后墙张挂反光幕等。

（2）肥水管理：定植时采用稳水坐苗方法的，定植后 7 天左右，缓苗后在膜下面暗沟内浇缓苗水，然后进入蹲苗阶段，蹲苗期一般不浇水一直至坐果为止。一般第 1 瓜坐住，并长到蚕豆荚

大小时开始浇水施肥。浇水要选择连续晴天的"暖头"，于晴天的上午进行，尿素（每亩 15kg 左右）等化肥可随水施入，如果在 12 月至翌年 2 月份，外界温度很低，要适当减少浇水次数，可 15 ~ 20 天浇水 1 次，且要隔 1 次追 1 次肥。

（3）枝条整理：太空苦瓜定植生长后要及时搭架，一般每株苦瓜两边各插 1 根竹竿，搭成"人"字架，也可用塑料、尼龙绳吊蔓。太空苦瓜蔓细，绑蔓要勤，一般 30cm 左右绑一道。太空苦瓜发生侧枝的能力很强，必须加强管理，否则影响开花结果，降低田间通风透光率。整枝的基本方法有 2 种：一种是基部不留侧枝，而中上部留侧枝，即将距离地面 50cm 以下的所有侧枝打去，中上部侧枝也要疏去过密和生长弱的侧枝，保持一定的通风透光性。另一种方法是在基部选留 3 ~ 5 个生长健壮的侧枝，而主蔓长到架顶时摘心，注意疏去二级侧枝，在整个栽培过程中要经常绑蔓（满架前）、疏去侧枝、摘除卷须和雄花等管理。太空苦瓜单性结实能力差，温室中栽培没有昆虫的传粉，影响坐果，所以要进行人工辅助授粉，授粉应该选择当天开放的雌花、雄花，于上午 8 ~ 10 时进行，授粉时先摘取雄花，去除花冠，将花药轻轻涂在雌花的柱头上即可。太空苦瓜的花通常只开 1 天，必须每天授粉。前期雄花少，应节约使用。

（4）采收：雌花开花后 12 ~ 15 天，果实的条状和瘤状突起开始迅速膨大，果顶变平滑并开始发亮，果皮的颜色由暗绿转为鲜绿，或青白转为乳白色，为采收的适期。采收过早，苦味浓，品质差，产量低。采收过晚，肉质变软，不耐贮运，且果实中的种子迅速发育，养分消耗多，影响其他果实的发育。在温度等适合于生长的盛果期应两天采收 1 次。采收易在早晨露水干后进行，并保留部分果柄。

太空苦瓜是一种特殊的果菜，由于果实表面有奇特的瘤皱，果实内富含苦瓜苷，具有一种特殊的苦味。果肉脆嫩，苦味适中，清香可口，促进食欲有利消化，苦瓜的营养丰富，抗坏血酸含量在瓜类中突出。太空苦瓜不仅营养丰富，还有较高的药用价值。苦瓜的根、茎、叶、花、果实和种子均可药用，性寒味苦，入心脾胃，清暑涤热，明目解毒，利尿，还具有降低血糖等功效。食用的方法很多，一般以炒食为主，也可煮食、焖食、凉拌食，还可加工成泡菜、渍菜，脱水加工成瓜干，以长期贮藏供应市场。随着人民生活水平的不断提高，对苦瓜的营养和治疗保健作用的进一步了解，食用苦瓜将是一种时尚，苦瓜将逐渐会被种植者和消费者所青睐。

（叶发权）

第四章　观赏苗木栽培工艺与管理

第一节　牡丹栽培工艺与管理

牡丹是一种原产于中国的世界名花。因其株形端庄，枝叶秀丽，花姿典雅，花色鲜艳，雍容华贵，自古以来被誉为"国色天香"，"花中之王"，深受我国各族人民的喜爱。可在庭园可筑花台栽植，或专植为"牡丹园"以点缀园景，亦可盆栽观赏或为切花插瓶，在我国的花卉产业中占据举足轻重的作用。

一、主要品种

1. 姚黄

属传统品种，花皇冠型。淡黄色；花冠 16cm×10cm，外瓣 3~4 轮，质地较硬，基部有紫斑；内瓣褶叠紧密，瓣端常残留花药，雌蕊退化或瓣化，花朵直上，中花品种。株型高，直立，一年生，枝长；鳞芽圆尖形，中型圆叶；小叶卵圆形，黄绿色，生长势较强，成花率高，开花整齐，花形丰满，萌蘖枝少。

2. 魏紫

同样是传统品种，皇冠型。花紫色，花冠 12cm×8cm；外瓣 2 轮，基部有紫色晕；内部细碎，密集卷皱，端部常残留花药；雌蕊退化变小或消失，花梗长而粗硬，花朵侧开，晚花品种。株型矮，开展，小型圆叶，植株瘦小，生长缓慢，成花率高，花朵丰满，萌蘖枝少。

3. 豆绿

传统品种之一。皇冠型或绣球型。花黄绿色，花冠 12cm×

6cm，外瓣2～3轮，基部有紫色斑，内瓣密集，褶皱；雌蕊瓣化或退化，花朵下垂。晚花品种。株型较矮，开展；鳞芽狭尖形，浅褐绿色，鳞片顶尖红色；中型长叶，平伸，小叶阔卵形，下垂。生长势中，成花率高，萌蘖枝多。

4．二乔

属蔷薇型。花复色，同株。同枝可开紫红色和粉色两色花，同朵亦可开相嵌紫粉两色；花冠16cm×6cm，花瓣基部具墨紫色斑；雄蕊稍有瓣化，雌蕊9～11枚，房衣紫色，中花品种。株型高，直立；中型圆叶，斜伸，小叶卵形，开粉色花的叶，缺刻较少而深，叶面光滑，绿色，开粉紫两色镶嵌花的叶，则按镶嵌的位置，在枝上相应部位着生两种叶色、叶形的叶片。生长势强，成花率高，萌蘖枝多。

5．胡红

属皇冠型。花浅红色，端部粉色，花冠16cm×7cm，外瓣2～3轮，基部具深红色晕，内瓣质软排列紧密，瓣端常残留花药，雌蕊瓣化成嫩绿色彩瓣，花朵直上或侧开，晚花品种。株型中高，半开展；鳞芽圆锥形，紫红色；大型圆叶，小叶卵圆形下垂。生长势强，成花率较高，花形丰满，萌蘖枝较多。

6．洛阳红

也是蔷薇型的一种。花紫红色，有光泽，花冠16cm×6cm，花瓣多轮，基部具墨紫色斑；部分雄蕊常有瓣化现象，雌蕊多而小，房衣暗紫红色，偶有结实，花朵直上，中花品种。株型高，直立；中型长叶，小叶卵形。生长势强，成花率高，萌蘖枝多。

7．Highnoon 又名正午

黄牡丹杂种，由美国桑德斯教授1952年育出。花黄色，直立，花香，半重瓣，花瓣基部有紫红色斑，雌雄蕊正常，雄蕊多数，花药黄色，花丝黄色泛红晕，长度不一。心皮多数，绿色或乳白色。引种至北京、菏泽和洛阳等地花期较晚，在大多数中原牡丹中晚花品种之后。株型高，抗倒春寒能力强，生长力强，有

8～10 月二次开花的习性。

8. 岛锦

日本牡丹品种，花复色，红白二色花瓣呈不规则条带相间，花直立，半重瓣，中花型。株型中高，生长力强。引种至北京、菏泽和洛阳等地花期较晚，在大多数中原牡丹中晚花品种之后。

9. 金阁

黄牡丹杂种，由法国人亨利 1907 年育出。花瓣黄色，边缘红色，重瓣，下垂，花头重，中花型。株型中高，生长力强。引种至北京、菏泽和洛阳等地花期较晚，在大多数中原牡丹中晚花品种之后。

10. Bartzella

是牡丹芍药杂种，由美国人安德森 1952 年育出。花淡黄色，内瓣基部有小的红色斑，重瓣，香味浓烈，花径约 25cm。雄蕊少数，花丝、花药及柱头均为黄色，心皮绿色黄色。株型中高，成球形；叶深绿色；生长力强。单株花期 两周到一个月，花期较长。适宜做切花，被认为是最美的牡丹芍药杂种。

二、牡丹生态习性

牡丹性"宜寒畏热，喜燥恶湿"。喜阳光充足，但开花期适当遮阴，可延长花期。对于气候的要求较严，性喜温暖、干凉而又高燥通风。忌高温多雨天气。牡丹颇能耐寒，一般 –20℃ 的低温环境下可以越冬。

三、牡丹的栽培与管理

1. 露地栽培

牡丹为肉质深根作物，性宜燥，不宜湿。牡丹栽植宜选地势高燥，夏季凉爽，排水、通风、光照都比较好的地方。土壤应选择深厚而排水良好的沙质壤土栽培。牡丹一般宜秋季 9 月下旬至 11 月上旬栽培，株间距约 90～120cm，一般栽培穴深 50～70cm

以上，直径 30~40cm，栽植时把根系理直，略使之向四周舒展。栽植深度可使茎基略高出地面，然后填土压紧并浇水，最后封上干土。牡丹浇水宜宁干勿湿，一般在牡丹萌芽后、开花前浇水 2~3 次；开花后至雨季到来之前再浇水 2~3 次。雨季不浇水，应注意及时排水。秋后，若天气干旱，每月可浇 1~2 次水。

牡丹一般一年施肥 3 次，同时每次施肥需结合浇水。第一次为花前肥，即在天气转暖后，为促使花蕾及叶片的生长，并能开出大而优质的花朵而施的肥料，一般氮肥较多，其他肥料适当配合。第二次为牡丹开花之后。因消耗了大量养分，为维持其生长势，满足花芽分化之需，肥料多用磷、钾肥。第三次为越冬肥。在叶片脱落，土壤尚未冻结时，为使地下的根系生长健壮而施。这次肥料是全年施肥的主要部分，一般用干的有机肥料。

为保证牡丹开花的多少和大小，必须对牡丹进行定股拿芽。定股就是保留地上部分的枝干数目，高低位置，分布方向，使其协调发展均匀分布，一般保留 5~8 枝为宜。定股后应进行整形修剪和拿芽，剪除过密枝、弱枝、病枝或受损伤的枝条，以及重叠枝和徒长枝，同时应及时摘除不定芽。整形修剪多在 10 月进行，而拿芽工作多在春季 3 月下旬至 4 月上旬进行。

2. 盆栽

品种选择：盆栽牡丹应选择矮生、适应性强、容易栽培、容易开花的品种。如洛阳红、赵粉、胡红、锦袍红、明星等。

盆与基质的选择：牡丹盆栽应选择透气好的容器，多用瓦盆，而容器大小视植株的大小而定。而盆栽牡丹因根系生长受到限制，因而对水肥、气、热较之地栽要求较高。必须使栽培基质具有较高的保肥、保水、透水、通气和保温才能获得良好的栽培效果，以园土、珍珠岩、木屑、鸡粪、马粪以 2：2：3：2：1 的比例混合最好。

栽植时间及栽后管理：盆栽牡丹一般在 9 月下旬至 10 月中旬上盆。上盆或换土时应适当施入腐熟的基肥。从 5 月上旬开始，

应每月施 1 次复合肥料或豆饼、骨粉或鱼渣、麻酱渣等有机混合肥。用量每盆 50～150g，并可穿插浇灌稀薄液肥，雨季向盆内撒入 1～2 次硫酸亚铁，每次 50～100g。浇水一般应在表土发白变干时充分浇水，切忌水分过多。通常在上盆后立即浇水，萌芽后每 3～5 天浇一次。当主芽长到 10cm 左右时，可适当减少浇水量，以促进花芽的发育。花谢之后，应每隔 1～2 天浇一次水。定股拿芽同露地栽培。

四、牡丹春节催花

牡丹春节促成栽培技术：根据牡丹的生态习性和开花生物学特性，利用综合栽培技术，使牡丹早于其自然花期而于春节开花的技术。主要技术措施包括：选择适宜的催花种苗，满足种苗低温要求解除休眠；温度调控，湿度调控，人工补光，补施肥水等内容。

1. 品种选择

品种的选择对于牡丹的催花是至关重要的。应选择开花容易、开花早、花型大、花色艳、生长旺盛、人们喜爱的品种。实践证明，适宜催花的牡丹有朱砂垒、赵粉、霓虹央彩、大胡红、洛阳红、鲁荷红、肉芙蓉、银红巧对、桃花飞雪、迎日红等 20 余个品种。

2. 植株选择

一般选择 4～5 年生、具有 6～8 个枝条、每个枝条又生有 1～2 个花芽的植株。植株要求株型紧凑、枝条健壮、均匀整齐、花芽要求分化完全（外观看来比较肥大）、充实饱满、无病虫害。

3. 苗木处理

一般在春节前的 50～55 天起苗。起苗时，应该先剪掉叶片，保留叶柄然后轻轻捆扎，这样有利于起苗。挖掘时注意尽量避免损伤枝条，而且要保持根系的完整，减少断根。起苗后应进行适当的晾晒（2～3 天），使根部软化，便于运输、栽植。在晾晒前应剪去过长的根和过密的新芽，并剪短过长的枝条，使每株保留 5~8 个花芽充实丰满、分布均匀的枝条。每个枝条保留两个外芽，其余全部剪去，并用 50% 的多菌灵 500 倍液消毒，以防感染病毒，上盆可在打破植株休眠前或之后，视条件而定。因牡丹是肉质根，基质应选择保水性及透气性较好的基质，如泥炭、珍珠岩等基质的混合配方。

4. 打破休眠

牡丹具有深休眠的特性，必须经过一定时间的低温才能解除休眠。解除休眠是牡丹催花启动的关键。生产上多利用冬季自然低温解除休眠，各个品种的需求量不同，在低温量不足时，应使用冷库进行低温处理使其充分解除休眠进行促成栽培。大多数品种在 0~4℃ 的冷库中冷藏 28 天可以解除休眠。

5. 管理

前期从缓苗期至新技生长期，花蕾较弱，对温度的骤然变化非常敏感，温度忽高忽低会导致败育，室内温度必须相对稳定，该时期持续约 20 天，夜间温度控制在 5~8℃，白天温度在 10~14℃。此期间中期从幼蕾期到展叶期，约 14 天，夜间温度需要控制在 9~12℃，白天温度在 12~18℃，温度应缓慢升高，有利于叶部的增大，而且有利于花茎的伸长和花蕾的增大。如果在这一阶段温度仍较低，则枝叶营养生长加快，而抑制了花茎的伸长和花蕾的增大。反之，此时温度如骤然增高，则花茎、花蕾迅速伸长和增大，又抑制了枝叶的生长，出现了只长花不长叶的现象。后期从圆蕾期到初开期，约 20 天，夜间温度需控制在 14~18℃，白天需 20~23℃。这个过程要求必须连续高温，此时温度若降到 10℃ 以下时，正在迅速发育的花苞便突然停顿，俗称"伤风"，以后即使再升高温度也不长了。因此，牡丹催花应按其生长习性逐渐升高温度，使其由低到高，尽量接近其自然生长所需的条件。

6. 水肥管理

基质浇水应见干见湿，防止湿度过大而烂根。催花室内的空

气相对湿度一般在缓苗期至露芽期控制在 80% ~ 90%，幼苗期到显蕾期应控制在 70% 左右，跳蕾期以后控制在 80% 左右。施肥应结合盆土施肥和叶面肥结合使用。基质施肥可用缓效肥，催花过程中施一至两次，而每 2 天喷一次 2% 磷酸二氢钾和同浓度尿素的混合液，促进叶面的光合作用。

7. 光照调节

牡丹为长日照植物，花芽在长日照中形成，中长日照中开花。所以牡丹冬季室内催花还要注意光照的调节，光照时间不足时，应每天进行补光，保证光照 12 小时。在催花期间，每周将花盆沿同一方向转动 90°，以防株型不正，花朵着色不均匀。

8. 病虫害防治

催花时室内的高温、高湿及通风不良，常引起牡丹炭疽病、腐烂病、叶斑病等病害。因此对易发生的病虫害应以预防为主，每半个月喷施 1 次 50% 的多菌灵 500 倍液或甲基托布津 800 ~ 1000 倍液 + 农用链霉素 100 倍液。

五、牡丹的繁殖方式

牡丹主要以播种、分株、嫁接等方法进行繁殖。

（一）播种繁殖

该方式繁殖系数大，多用于选育优良新品种和培育砧木，也用于药用牡丹的繁殖。种子因地区和品种不同，成熟期不同，应分批在果皮变成蟹黄色时采收，采收过早，种子不饱满；采收过晚，种皮发黑变硬，不易出苗。果实采后放在阴凉通风处或置于室内摊晾，每隔 2 ~ 3 日翻动一次，待蓇葖果自然开裂时，即可将种子剥出，晾 2 ~ 3 天，挑选饱满种子进行播种。种子宜当年采、当年播，播种时间一般在 9 月上旬左右，种子老熟或播种过迟，第二年春季多不发芽，有的到第三年春季才发芽出土，且出苗率极低。牡丹种子具有上胚轴休眠的特性，当年秋末播种后在常温下只发出幼根，经过冬季低温完成休眠期的生理生化变化，第二年春天方可萌发。种子过干，应在播种前用50℃温水浸种24～48小时，使种皮软化，浸种后如拌以适量草木灰再播种更利于发芽出苗。育苗地应选沙质壤土，忌低洼或盐碱之地，施足基肥。如土壤过干，要灌水保墒，然后深翻30～40cm，整平耙实，做畦播种，可采用高畦、平畦或低畦等多种方法，应视当地气候条件而定。菏泽多用小高畦，畦高10cm，宽40cm，畦间距30cm。这样既利于排水防涝，又能在畦间的沟内放水，渗透到畦中灌溉。而甘肃临夏各地多用低床以便浇水。播种时可采用多行点播或畦内撒播，每公顷用种子约150Kg。播种后，用湿细土覆盖约2～3cm厚，干旱寒冷地区还可在畦面或垄土培土高约15cm，以利保墒。次年2月下旬到3月中旬，低温升高到4～5℃，种子幼苗开始萌动，此时应去掉覆土，并浅松表土。对两年生的苗要加强苗圃管理，适时追肥浇水。一年生的幼苗在9月可以进行移栽，栽植密度，株行距一般为50cm×60cm，也可根据土地的肥力或准备让其生长年限的长短扩大或减少。

（二）分株繁殖

牡丹的营养繁殖方式，可保持品种优良特性，简便易行，成活率高，分株后的植株生长迅速，但繁殖系数较低。分株多在秋季进行，此时地温仍较高，有利于根系的恢复与生长。而在甘肃地区由于冬季寒冷漫长，多在春季分株，但需要加强管理，尽量保持原有根系并适当剪除上部老枝，除去花蕾不使开花，保证植株得到较快恢复。分株时先将植株挖出，去掉附土，视其枝、芽与根系的结构，顺其自然生长纹理，顺手掰开，注意不要折损枝、芽。如根茎密结过紧，可用刀劈或用剪刀剪开，但不要使伤口过大，以免影响愈合，分株的多少视母株大小、根系多少而定。一般4年生植株可分2～4株，每株小苗需有2～3个枝条和3～4条稍粗的根。分株时应尽量保留细根、须根。分株后伤口较

大时，可阴干伤口后再栽，也可用1%硫酸铜或40倍多菌灵药液浸泡伤口，消毒灭菌，然后栽植。

（三）嫁接繁殖

嫁接繁殖方式能保持牡丹品种的优良性状，繁殖系数高，成本低，对珍稀品种以及一些发枝能力弱，生长慢的品种的繁殖更为实用；也可用于固定变异枝芽（枝变或芽变），进一步培育新品种。同时也可以通过嫁接提高牡丹的观赏品质（如盆栽和"什样锦"的培养）。嫁接的方法有根接法、枝接法和芽接法。

1. 根接法

又称掘接。嫁接时间：黄河流域多在8月下旬至10月下旬进行，以9月份最适宜；长江流域则在10月至翌年1月间进行最适宜，此时牡丹、芍药根部生长处于盛期，有利于接口愈合和萌生新根。

嫁接时应根据牡丹的品种差异选择砧、穗亲和力较强的。如烟笼紫珠盘、三奇集盛以芍药为砧，成活率低，而以牡丹根为砧则成活率高；赵粉、假葛巾紫以芍药为砧，成活率虽高，但成活后，芍药根生长迅速，不易萌生牡丹根；首案红、脂红、蓝田玉以芍药根为砧时，成活率高，牡丹根的萌生力也强。接穗随采随用，多选用生长健壮、充实的当年生枝，或从基部抽出的强壮当年生萌蘖新枝，长5~10cm即可。砧木可用芍药根或牡丹根。因芍药根粗短，木质部较软，接后成活率高，但寿命短，分株少；而牡丹根砧较细，木质部坚硬，嫁接比较困难，生长初期比较缓慢，但成活后寿命长，分株也多。砧木应挑选生长充实，附生须根较多，无病虫害，长25cm左右，直径1.5~2.5cm的根系，晾2~3天，使之失水变软，再行操作。

基本操作：先在接穗基部腋芽两侧，削长约2~3cm的楔形斜面，再将砧木上口削平，选平整光滑的纵侧面，用刀切开，切口长度略长于接穗削面，深度达砧木中心，以含下接穗削面为宜。砧、穗削面要平整、清洁，然后将接穗自上面下插入切口中，使砧木与接穗的形成层对准，用麻绳扎紧，接口处涂以泥浆或液体石蜡。嫁接苗应立即栽植于事先备好的苗床内，苗床土壤宜下部稍湿，表土稍干以防嫁接苗伤口感染，栽植深度在接口以上2cm处，然后培土将填土捣实，并用松土将接穗全部封埋越冬，注意嫁接苗栽植后在伤口愈合前不能浇水。春季干旱时要及时浇水，雨后及时锄地保墒和锄草，但要注意保护土坨，以利接口部生根。清明前摘除花蕾，以集中养分供应幼苗生长。

2. 枝接法

根据嫁接部位的不同，又可分为土接（居接）和腹接两种：

（1）土接：该法砧木根系未受损伤，接苗成活后生长旺盛。嫁接时在砧木距地面5cm左右处截去上部，随后削取接穗，其余操作方法与掘接相同。接后培土、封埋。

（2）腹接：腹接时间在7月中旬至8月中旬，用牡丹作砧木。选用优良品种植株上健壮的萌蘖枝作接穗，长5~7cm，粗0.7~0.9cm，接穗上留一个叶柄，叶柄上带1~2个小叶，先在接穗下部芽的背面斜削一刀，削面长1.5~2cm，成马蹄形，再在另一斜面削长0.3~0.5cm，成楔形，然后在砧木当年生枝条基部第一至第二芽处的光滑部分，斜切一刀，长1.5~2cm，深达当年枝条的1/3~1/2，不可过深，然后迅速将接穗插入砧木切口，使两者形成层互相对准，再用麻绳或塑料薄膜条缠紧。缠时，露出接芽，并立即将砧木枝条上部剪去1/3或1/2，以防坠裂接口，接芽成活后，将砧木上的腋芽全部掰去，保持接穗的绝对优势，至其愈合牢固，再解除砧木上绑扎的薄膜，剪去残桩和下部芽，同时增施肥料，促其生长发育，在接芽成活前，最好进行遮阴，防止其水分过多蒸腾。

3. 芽接法

该法主要用于更换品种或培养一株多花色的植株。芽接时间从4月下旬到8月中旬，枝条韧皮部能剥离的期间内均可进行，

以后 5 月上旬至 7 月上旬成活率最高。方法有贴皮法和换芽法两种。

（1）贴皮法：在砧木当年生枝条上连同木质部切削掉一块长方形或盾形切口，再将接穗的腋芽连同木质部削下一大小和砧木上切口大小、形状相同的芽块，然后迅速将其贴在砧木切口上，用塑料袋扎紧。

（2）换芽法：将砧木上嫁接部位的腋芽连同形成层一起取下，保留木质部完整的芽胚，用同样的方法将接穗上的芽剥下，迅速套在砧木的芽胚上，注意二者要相互吻合，最后用塑料袋扎紧。接后一个月，若芽已嫁接成活，解开塑料袋，去掉砧木上的赘芽，保留砧木上的叶片，使当年形成饱满花芽，第二年就可开花。

六、牡丹的病虫害防治

1. 灰霉病

灰霉病是牡丹的重要叶部病害之一，在我国时有发生，洛阳、彭州等地危害严重。该病为真菌病害，能危害叶、茎和花的各个部位。叶片受侵染，在叶缘和叶间产生近圆形或不规则的褐色或紫褐色病斑，有时具不规则轮纹；天气潮湿时，长出灰色霉状物。茎基部被害时，易折断使全株倒伏；花部受病害，花瓣腐烂变褐。病菌以菌核随病株残余物在土中越冬，多年连作地发病严重。发病高峰一般是在 6～7 月寄主开花期过后，此时高温潮湿的天气有利于病菌的大量形成和传播。此外，株丛密度大，氮肥过多也有利于发病。

防治方法：栽植时尽可能用无病新土，或对旧土进行消毒处理，可用 70% 五氯硝基苯可湿性粉剂与代森锌（80%）等量混合均匀，每平方米用药 8～10g 或每平方米用 40% 福尔马林 50mL，加水 8～12kg 浇灌，用草帘或塑料布覆盖 4～5 天，除去覆盖物 7～10 天后可播种；植株选用无病根苗，栽植前用 65% 代森锌可湿性粉剂 300 倍液浸 10～15 分钟消毒；栽植时的密度要适度，雨后及时排水，重病区进行轮作，氮肥施用应适量；生长季节发病时可喷洒 1% 的波尔多液或 80% 的代森锌 800～1000 倍液，或 70% 甲基托布津 1000～1500 倍液，10～15 天 1 次，连续 2～3 次；秋季清除病株的枯枝落叶，春季发病时摘除病芽、病叶，对病残体进行焚烧和深埋处理。

2. 红斑病

红斑病是一种常见的真菌病害，主要危害牡丹的叶片，也侵染茎、叶柄、萼片、花瓣、果实以及种子。发病初期，叶片上出现近圆形的褐色小斑点，由叶背向正面突起，逐渐扩大为近圆形或不规则的大斑；病斑正、反面全为褐色，病重时病斑汇合引起叶枯焦；潮湿条件下，病斑背面生出墨绿色霉层。茎、叶柄受侵染后，病斑长条形，紫褐色，初期稍隆起，后期稍凹陷，病斑中央开裂，病变发生在枝条分叉处时，病部易折断，花器上的病斑为褐色小斑点，病重时，花瓣边缘枯焦。花后 5～7 月是发病盛期，高温多雨的环境以及株丛过密易发病。

防治方法：春天植株萌动前喷 3～5 度石硫合剂，或 50% 多菌灵 600 倍液杀死越冬病菌。展叶后，开花前每隔半月喷洒 50% 多菌灵 1000 倍液 1 次，共喷两次；落花后用 65% 代森锌 500～600 倍液，每两周 1 次。50% 甲基拖布津 800 倍液及波尔多液（1∶1∶200），防治效果也较好；秋季彻底清除并烧毁病株残体，并覆土 15cm 厚，促使病株残体腐烂，减少侵染来源，早春覆膜对越冬病菌的传播有隔离作用。选用抗病品种。

3. 炭疽病

炭疽病是我国牡丹的常见真菌病害，美国、日本也有报道。主要危害牡丹的叶、茎、花器等部位。从发病初期的褐色小斑点逐渐扩大为近圆形病斑。病斑黑褐色，后期中部为灰白色，斑缘为红褐色。病斑上散生许多黑点，在潮湿的条件下，黑点上出现红褐色黏孢子团，这是炭疽病的特征。病斑后期开裂、穿孔。茎和叶柄上的病斑多为菱形长条斑，稍凹陷，长 3 ~ 6mm，红褐色，后期为灰褐色，边缘红褐色，病茎有扭曲现象，病重时会折断，嫩茎发病会迅速枯死，芽鳞和花瓣受害引起芽枯死和花冠畸形。在北京，6 月份发病，8 ~ 9 月为发病盛期，高温、多雨、多露、株丛过密均会使病害发生。

防治方法：发病初期 5 ~ 6 月喷 70% 炭疽福美 500 倍液，或 1% 波尔多液，或 65% 代森锌 500 倍液，10 ~ 15 天一次，共喷 2 ~ 3 次；减少侵染来源，方法同牡丹褐斑病。

4. 褐斑病

牡丹常见的真菌病害，又称轮斑病或白星病，危害牡丹的叶片，牡丹集中栽培地多有发生。植株染病时，叶背出现小圆点，病斑中心呈黄褐色或灰褐色，正面散生细小的黑点，有数层同心轮纹，病斑连接形成不规则的大型病斑，严重时叶片枯死。叶背面病斑暗褐色，轮纹不明显。该病随气温升高和多雨逐渐达到高峰期。

防治方法：减少侵染来源，随时除去染病叶片，秋末清除落叶；发病期选用 50% 代森猛锌 500 倍液，75% 百菌清 800 倍液，80% 代森锌 500 倍液，每 10 ~ 15 天喷一次，连续 2 ~ 3 次，或 1:1:100 的波尔多液与代森锌的混合液，每 7 ~ 10 天一次，连续 2 ~ 3 次。加强栽培管理，注意栽植密度，通风透光。

5. 枯萎病

这种病为真菌病害，危害牡丹叶和芽。植株感染后，茎上有灰绿色似油渍的斑点，后变为暗褐色或黑色，形成黑斑，病斑与健康叶组织间没有明显的分界线，根茎被侵染后易腐烂，引起整株死亡。叶片病斑多发生于下部叶，为不规则水渍状，叶片逐渐枯萎。多雨年份容易发病。

防治方法：同灰霉病。

6. 根结线虫病

根结线虫病是危害牡丹根部的重要病害。该虫仅侵染营养根，不侵染主根。染病植株的侧根和虚根出现不同大小的瘤状物，瘤状物最初表面光滑，后变为褐色并显得粗糙，瘤内乳白色发亮颗粒即为线虫的幼虫。连年染病植株生长瘦弱，开花后叶缘变黄至全叶枯焦、早落，花少花小以致不开花，植株变矮以致死亡，一般 5 月可见局部膨大，6～7 月出现绿豆大小的根结，由白色渐变为黄褐色，根结上长出许多细根，使根呈丛簇状，这是北方根结线虫病的特征性状，该病通过带病的植株远距离传播，发病高峰在 6～7 月和秋季。

防治方法：加强植物检疫，防止病害随染病植株传播；发现染病植株必须立即处理：用 0.1% 甲基异柳磷浸泡 30 分钟，或在 18℃～19℃ 的温水中浸泡 30 分钟；感染严重的园圃，应作土壤消毒处理，轮作非线虫寄主的作物；用 20% 二溴氯丙烷处理土壤，每平方米用 5～8g；或用 4% 涕灭威颗粒剂，每平方米用药 20g；也可用呋喃丹颗粒剂，每平方米用药 15g。

我国牡丹品种丰富、种植规模巨大、生产成本低。主要以菏泽、洛阳等传统产地为主要的栽培生产中心。菏泽是我国也是世界上最大的牡丹产地，截至 2001 年，栽培面积 4.5 万亩左右，每年种苗国内销售 200 多万株，出口 50 多万株，春节催花销售约 50 多万株，洛阳现有商品牡丹栽培面积 5 400 亩，并且正以每年 1000 亩以上的速度扩大。而甘肃则形成了其特有的抗旱、抗寒和耐瘠薄的紫斑牡丹的商品生产中心，每年销售种苗 3 万～5 万株，出口 3000～5000 株。另外，安徽铜陵以药用牡丹栽培为主。

我国有巨大的牡丹种苗贮存量，但只是片面扩大栽培规模，一味追求数量，科技含量低，生产发展仍然是一种低水平的重复扩大，种苗质量上不去。商品率较低，大部分仍作为绿化种苗在国内市场上销售，牡丹出口基本上是单纯的种质输出，对于盆花和切花市场的开拓还不够。虽然牡丹的春节催花发展很快，但由于种苗生产质量落后及技术不完善，严重影响了盆花和切花的生产。牡丹的生产方式仍采用自然粗放的生产方式。绝大部分是个体农民一家一户经营，无组织地自由发展，没有摆脱传统的小农经济形势，没有形成集体优势；缺少知名品牌和商标意识。很难做到规模化、系列化、批量化生产，产业化程度不够，生产现状已经不能适应市场经济发展的需要，急需加以改进与提高。

在我国加入 WTO 的新形势下，促进牡丹产业化，提高我国牡丹在国际市场上的竞争力要从以下几方面着手：

第一，大力发展牡丹生产，变种质资源输出为牡丹产品输出。坚持长期调整牡丹的品种结构。

第二，提高和改善种苗质量，对国内外市场进行有意识、有目的的开发和培育，使我国牡丹优势得以发挥，才能谈得上向规模化、产业化发展。

第三，加强科技投入，提高技术含量。建立对种苗、盆花及切花生产、促成栽培及周年开花等诸多方面比较完善的体系。

第四，开拓中国牡丹文化品牌，突出有中国特色的牡丹产品。进一步挖掘和应用牡丹文化，引导国际市场欣赏并认同中国牡丹，是开发和拓展国际市场的长远之计。有意识地进行市场开发、推陈出新，发展建立起拥有自主知识产权、技术开发和产品更新能力的产业体系，创造中国特有的名牌产品。

第二节　芍药栽培技术

芍药隶属芍药科、芍药属、芍药组，又名将离、婪尾春、没骨花等，是我国的传统名花，有悠久的栽培历史，又被之为"花相"。芍药品种繁多，4～5月开花，花朵硕大、花色艳丽、花势壮观，适应性强，其管理较粗放，耐寒，我国北方等省均能露地越冬，是庭院绿化，布置花坛的重要材料；常做专类花园观赏，或用于花坛及自然式栽植，与山石相配颇具特色。此外芍药梗长、耐水养，又是重要的切花材料，并已成为花卉市场上深受欢迎的产品，发展潜力很大。

一、主要品种

1. 大富贵

早花品种。花玫瑰红色、彩瓣台阁型。花冠 15cm × 10cm，花瓣圆形，排列整齐，雄蕊大部分瓣化、雌蕊小。花期约 9 ~ 10 天，中型植株，茎硬而直立。叶宽大肥厚，小叶椭圆形至卵状长椭圆形，绿色，该品种喜阳，其长势强壮，株型圆整，花梗硬直，开花繁茂。侧蕾亦易开花。

2. 桃花飞雪

中花品种，偏晚。花粉色、皇冠型。花冠 13cm × 7cm；外层花瓣 2 轮，内轮花瓣近心者较宽大，向外渐窄并呈细碎花瓣，雄蕊完全瓣化；雌蕊部分正常，柱头粉色，部分瓣化为彩瓣，花梗硬而直立。中型植株，茎直立，叶稠密，深绿色，小叶长卵形至椭圆形，端渐尖。该品种株丛紧密圆整，花色花姿均甚美丽，观赏效果良好。

3. 朱砂点玉

中花品种，花白色、彩瓣台阁型。花冠 17cm × 8cm，紫红色或紫红与白色相间，雄蕊大部分瓣化，雌蕊退化变小，柱头紫红色，花梗长而直立。高型植株，茎较稀疏，斜伸，叶片宽大，平展，小叶长卵形至阔椭圆形，短渐尖，边缘稍波状。该品种花梗硬而细长，更适宜切花栽培，较耐夏季高温。

4. 大红袍

中花品种，花紫红色，盛开时瓣端变白色，千层台阁型。花冠 15cm × 10cm，雌雄蕊瓣化不完全，正常雌雄蕊夹杂在花瓣尖，柱头乳白色。中型植株，枝硬直立，叶宽大，较密，小叶卵状披针形之长椭圆形。本品种，花期可长达 10 ~ 11 天，盛开时紫红色花朵镶嵌白边，甚为醒目，侧蕾易开花，但株型不甚整齐，易倒伏。

5. 莲台

中花品种，花初开外瓣深莲青色、内瓣粉色，带橘黄色晕、托桂型或皇冠型。花冠 16cm×10cm，雄蕊全部瓣化，雌蕊部分正常，柱头乳白色。中型植株，茎直立而硬。叶较密，小叶长卵形至卵状椭圆形。该品种生长势强，株丛圆整，开花整齐，侧蕾多且易开花。

6. 黄金轮

中花品种。该品种为芍药中稀有之黄色品种，花为皇冠型至彩瓣台阁型。花冠 15cm×9cm，瓣间残存有正常雄蕊，雌蕊小，柱头乳黄色。中型植株，茎斜伸，较软，叶稀疏，黄绿色，小叶椭圆形至卵状椭圆形，表面绿色，背面夏季呈锈黄绿色，有毛。各器官之色彩相关明显，尤以早春黄绿色新芽、嫩叶甚为鲜艳夺目，但生长势弱，萌芽少，花量少，花朵常不丰满，耐阴。

7. 银针绣红袍

中花品种，花紫红色、皇冠型。花冠 14cm×13cm，外瓣 2轮，瓣间杂有残存的粉白色花丝和细针状瓣，花心有少量正常雄蕊，雌蕊正常或退化变小，柱头淡粉色。中型植株。茎直立，叶中大，深绿色，小叶长卵形。该品种花期一致，开花繁茂，花朵丰满，株丛圆整，生长势强，整体效果甚好。较耐夏季高温。

二、芍药的生态习性

芍药是宿根草本，在我国分布极广，分布区地跨亚热带、北亚热带、暖温带、中温带以至寒温带，是典型的温带植物，耐寒性极强。适应温带气候。喜阳光充足，亦稍耐半阴，宜稍微湿润环境，亦耐干旱。畏涝，积水导致烂根。深根性，适应于土层深厚、肥沃排水良好的中性或微碱性沙质土壤。

三、芍药的栽培管理

芍药为肉质深根作物，栽植宜选地势高燥，土层深厚肥沃，排水良好，中性或微碱，微酸的沙质土壤为佳。忌黏土，盐碱地栽植施足底肥，一般每亩地施充分腐熟的粪干 2 000kg 或 250kg

的饼肥，并进行深翻。栽植时间一般在 8 月中旬至 9 月下旬，可结合分株进行。栽植后应浇透水。

此外在芍药生长发育的不同时期，应适时追肥；一般一年可追肥 3 次，在春天幼苗出土展叶后，施一次肥，以速效肥为主，为花蕾发育和开花补充养分；花后施肥 1 次，仍以速效肥为主，为补充因开花而消耗的大量养分，为花芽分化打好基础；第三次施肥是在入冬前进行，以长效肥为主，如腐熟的粪干、饼肥、厩肥等。在生长季节，要经常进行中耕除草，保持土壤疏松。芍药茎端部除顶蕾外，其下部叶腋还有 2~4 个侧蕾，为使顶花花大色艳，在花蕾显现后，应及时摘除侧蕾。芍药部分品种花梗较软，加上花朵硕大，开花时往往花朵侧垂或下垂，要及时设支柱。秋季，芍药地上部分枝叶枯萎后，要剪除枯枝，扫除落叶，并集中烧毁，以防止病虫藏匿。在冬季寒冷地区，如温度在 $-10℃$ 以下，必须进行堆土防寒，以利安全越冬，堆土厚度一般为 20cm 左右，待第二年春天，扒去堆土。

四、芍药的繁殖

芍药以分根繁殖为主，也有用根插和播种法进行繁殖的。

1. 分根繁殖

亦称分株或分塘，从越冬芽饱满至土层封冻前均可进行。分根时期北方以处暑至秋分为宜，而南方则以秋分至立冬为佳。此时土温高于气温，有利于根系伤口的愈合，并能萌发新根，增强抗寒耐旱能力。分根过早植株易于秋发，影响生长发育；分根过迟则当年根弱或不萌发新根，第二年新株衰弱，甚至死亡。所以有"春分分芍药，到老不开花"的说法。分根时，挖起整株，剔除宿土，用利刀除去老硬腐根，以 3~5 个芽为一丛，顺自然纹理切开，切勿碰伤芽。分株采根后稍阴干，待伤口结成软疤时，在泥浆（适当拌和些硫黄粉、过磷酸钙）中浸蘸，然后栽植。

2. 根插繁殖

秋季分根时，将收集的芍药断根，切成 5~10cm 长的小段作

为插穗，插入已耕翻平整好的苗床并开出 10 ~ 15cm 深的沟中，盖土 5 ~ 10cm，浇一次透水即可。

3. 播种法

芍药为蓇葖果，处暑前后果壳由绿转黑时，即可采收。采收和处理方式与牡丹相同，一般晾干后当年即可种植，以 9 月下旬至 10 月上旬为宜，如需短期储存，以沙藏为好，可防止因脱水而造成发芽率下降。播种前将土壤深翻 20cm，每亩施用厩肥 1000 ~ 1500kg，然后视当地降雨情况用平畦或高畦条播，行距 40cm，播深 6 ~ 7cm，株距 3 ~ 4 cm，播后覆土。若用穴播，则穴距 20 ~ 30cm，每穴播种 4 ~ 5 粒。播种后，当年不发芽，只长根。播种越早，当年生根越长，耐寒抗旱能力也越强。播种后二年生植株一般于 8 月底至 9 月上中旬移栽，株高约 25 ~ 30 cm。4 年后幼株陆续开花。

五、芍药病虫害防治

1. 白粉病

芍药的常见叶部病害，发病初期叶面生成一层白色粉状斑，后期叶片两面和叶柄上出现污白色粉层，其中散生许多小黑点，是病菌的闭囊壳。北京、洛阳等地约在 5 月上旬开始发生，逐渐加重，8 月下旬为发病高峰，此后病叶逐渐枯死脱落。

防治方法：发病初期喷 20% 粉锈宁 500 倍液，半月喷 1 次，连续喷 2 次。

2. 环斑病

又名花叶病或褪绿斑病。菏泽、上海等地常见。感病植株叶上有各种环状或线状斑、各种变色区和斑纹，并发展成小型坏死斑，有些品种形成深绿、浅绿相间的同心轮纹环斑。该病由蚜虫等传播。

防治方法：建立无病毒苗木繁殖基地，使用无病毒植株作为繁殖材料；发现病株，应及时处理，清除并深埋；防治蚜虫等刺吸式口器的害虫。

3．茎腐病

芍药的常见病害，感染茎、叶和花芽。最初茎近地面部分形成褐色水渍状病区，随后病区腐烂，植株枯萎直至死亡。偶见嫩枝染病，迅速枯萎腐烂。在潮湿条件下，病区形成白色的棉絮状菌丝体，并产生大量黑色菌核。病菌存留在土中由风传播。

防治方法：种植芍药前最好进行土壤消毒。应减少侵染来源，在菌核形成前，拔除感病植株深埋；雨季注意排水；发病时可喷洒 70%甲基托布津或 50%苯来特 1 000 倍液防治。

4．白纹羽病

病菌侵入须根后逐渐蔓延到主根乃至根颈部。受害部位皮层腐烂，易剥落。病根表面有白色或灰白色菌丝体，菌丝体中有纤细的羽状分布的白色菌索。病根皮层内有时可见黑色的小菌核，后期腐烂根的表皮常呈鞘套状，套于木质部之外。感病植株生长衰弱，叶小而黄，直至枯死。病菌以菌丝、菌索和菌核在土壤中的病根上越冬。翌年多雨时，菌索在土中蔓延。

防治方法：加强检疫，不栽植带菌苗木；病区要进行轮作；栽植前，用 1%的硫酸铜溶液浸根 3 小时；或用 20%石灰水浸根 1 小时，用水洗净后栽植；发现病株及时拔除，并用 20%石灰水或五氧酚钠 250～300 倍液，或 70%甲基托布津 1000 倍液进行土壤消毒。

5．白绢病

此病主要危害芍药根颈部，在南方多雨地区发生较为普遍。植株染病基部呈黑褐色湿腐，随后在植株基部和土表出现白色羽状菌丝体。在潮湿情况下，菌丝体上产生圆形油菜子状的菌核，初为白色，后变成橘黄色至褐色。受害株逐渐凋萎，叶片变黄，直至枯死。病菌借菌丝体在土中传播，植株密植时易于传播，夏季高温多雨及土壤潮湿时发病严重。

防治方法：栽植区不进行连作；栽植时用 70%甲基托布津

500 倍液浸泡 10 分钟；定期喷洒 50% 多菌灵可湿性粉剂 500 倍液或 50% 托布津可湿性粉剂 500 倍液预防病发；发现病株及时拔除烧毁，并在病株周围土壤中浇灌 1:1.5:1 500 的升汞石灰水，或 50% 代森铵 400 倍液。

随着市场的开放，芍药优良的观赏特性和切花品质逐渐被世界各地越来越多的人认识，它的独特魅力不仅受到中国老百姓的青睐，在国际市场上的需求也趋于旺盛，市场需求空前提高。美国、法国、英国、日本、澳大利亚等国家都是芍药切花的消费大国。据了解，法国芍药切花的交易量每周 5 000 扎左右，澳大利亚每天消费量达 2000 支，而在荷兰，2000 年芍药切花拍卖额达创纪录的 1490 万荷兰盾。近几年，菏泽每年鲜切花出口数量达数万枝，市场上出现了供不应求的局面，收到了较好的社会效益和经济效益。此外，芍药切花在海外市场的需求量和价格都比较稳定，价格一般保持在每支 0.3 欧元左右。而在国内，仅北京莱太花卉市场每周销售量就达 5 000 扎。因此我国生产的芍药只要质量能达标，并且达到一定的数量，芍药切花是很有市场的。

我国生产芍药需注意以下几点：

第一，把芍药切花作为一个独立的产业来发展。将传统种苗的生产和切花生产分开。

第二，根据国际、国内鲜切花市场的要求，选择适宜的芍药切花品种。进行切花生产的品种要具备以下特性：花枝粗壮挺直，长度要达标；花蕾发育正常，分泌物少，不绽口；花形端庄；花色纯正；丰花性强，侧蕾少；耐修剪、耐贮存、耐水养、抗病虫害能力强。如白色的杨妃出浴、粉色的桃花飞雪、粉蓝色的晴雯、红色的红茶花、紫色的多叶紫、黑紫色的珠光紫、黄色的黄金轮、复色的春晓等近 40 种。

第三，提高芍药切花质量，保证切花品质。只有保证切花质量才能有市场竞争力，因此要对芍药进行专业的切花生产栽培。

第四，花期调控。芍药的自然花期在 5 月下旬到 6 月上旬，单朵花期6～10天，花期集中而且短暂，赶不上国内外的重要节日，从而限制了芍药花卉的生产。调节芍药的开花时间，根据市场行情进行芍药花的促成栽培和切花冷藏保存，提前和延长上市期，是提高芍药切花竞争力的重要手段。

第三节　红叶石楠栽培技术

红叶石楠是蔷薇科石楠属杂交种的统称，为常绿小乔木，因其具有鲜红色的新梢和嫩叶而得名。红叶石楠的叶色随叶片新老程度而变化，春秋两季，新梢和嫩叶，持久鲜红，艳丽夺目；夏季高温时节，新叶萌发减少，老叶转为深绿，夏初白花点点；秋末果序红艳，并且挂果期较长，秋冬时节，绿叶红叶红果相间；冬季经历霜雪叶片呈褐红色，给万物凋零的大地带来明丽的色彩。红叶石楠园林观赏价值高，是目前国内最为流行的园林植物。

一、主要品种

目前国内市场上的品种主要有由新西兰、美国、日本、荷兰等国家引入的红罗宾、红唇、鲁宾斯、火艳红等品种。而最为常见的是红罗宾和红唇两个品种。

1. 红罗宾

由日本园艺家从光叶石楠中选育而成，是日本应用最广泛的品种。株型紧凑、叶片枝条比其他品种要小，叶长一般为9cm左右。分枝能力一般，春季叶片显红的时间比其他品种长10天左右。新叶红似火漆。秋叶经冬鲜红。抗性比其他品种强，相对较耐寒，最低可耐－18℃低温。该品种繁殖力强、生长迅速，已成为红叶石楠市场的主流品种。

2. 红唇

又名费氏石楠，由美国引入，是美国栽培面积最大的品种。

植株高 3 ~ 6m，冠幅约是株高的一半。新芽红铜色，新叶红色、微粉红色，老叶变成有光泽的深绿色。4 月中旬开花，花期比其他石楠晚，总体上与红罗宾的性状非常相近。

二、红叶石楠的生态习性

红叶石楠原产亚洲东部和东南部、北美洲的亚热带和温带地区。红叶石楠有很强的生态适应性，喜排水良好的土壤，喜肥但耐瘠薄；喜温暖、潮湿、阳光充足的环境，同时具有很强的耐阴能力；耐寒性强，能耐低温；对二氧化硫、氯气具有较强的抗性；还有一定的耐盐碱性和耐干旱能力；萌芽能力强，耐修剪，易造型，适宜在长江流域及长江以南广大区域栽培。

三、红叶石楠的栽培与管理

红叶石楠移栽时间一般在春季 3 ~ 4 月和秋季 10 ~ 11 月，要结合当地的气候条件来确定。栽植地应选择地势平坦、质地疏松、肥沃、深厚、排水良好、微酸性至中性的土壤、地下水位要求在 1.2m 以下的地方。定植前应将土地整地深翻，深度为 20 ~ 30 cm，打碎土块，清除石块、残根、断茎及杂草等。结合深翻施腐熟饼肥 2 250kg/hm^2，或施优质有机肥 3.0×10^4kg/hm^2，同时施 50% 的锌硫磷乳油 20kg/hm^2 或呋喃丹 15 ~ 22.5kg/hm^2，混拌细土，制成毒土，撒于土壤中以防治地下害虫。栽植密度按植株大小及具体培育苗木需求而定。移栽苗是尽量保证根系土球完整，定点挖穴，用细土堆于根部，并使根系舒展，轻轻压实。栽后及时浇透定根水，以后每隔 10 天浇一次水，如遇连续雨天要及时排水。灌溉可采用浇、喷、灌沟水等办法，灌溉宜早晚进行。苗木生长前期 4 ~ 5 月要少量多次，速生期 6 ~ 8 月一次性浇透，苗木生长后期要控制灌溉，除特殊干旱外，一般不灌。

生长期应及时追肥，促进枝叶的生长。施肥要以薄肥勤施为原则，在春季可半个月施一次尿素，锌用量每 1/15hm^2 约 1500kg，以开沟埋施为好。秋季苗木生长后期，亦可逐渐增施磷肥和钾肥。追肥除粪干、人粪尿、菜枯外，也可追施腐熟的猪粪尿，在大面积栽培时，化学肥料亦可配合施用。平时要注意及时除草松土。除草要掌握"除早、除小、除了"和不损伤苗木的原则，保持苗圃地无杂草，人工除草在下雨或浇灌晾干后进行。松土一般结合除草进行，每年约 3~5 次，松土由浅到深，苗根附近、株间浅些，行间深些。中耕除草能促进苗木根系对养分的吸收，中耕的深度依苗木根系的深浅及生长时期而定。根系分布浅的，可以浅耕；根系深的，可以深耕。此外，幼苗小苗中耕宜浅，中苗、大苗宜深，近植株根部宜浅，株间行间宜深，但中耕深度一般以 3~5cm 为好。中耕除草常在 5~6 月间进行，7 月以后苗木根系已扩大到株行间，此时要停止中耕，否则中耕会切断根群，使苗木受损。红叶石楠枝条不易枯死，一般可不修剪，如作绿篱，则在春季发芽前和生长季节进行修剪 1~2 次。

四、红叶石楠的容器栽培

根据不同规格的苗，不同的栽培目的，选择不同的容器。长期栽植可用木本容器加仑盆，短期可采用木本种植袋。基质应选择透气性、排水性较好、持水能力较强和 pH 在 5.5~6.5 之间的基质。常用的配方：泥炭:珠岩 = 4:1，使用时加熟石灰调节 pH 值，并加入长效的缓释肥，为苗木生长提供足够的肥力。上盆时要使根系舒展，苗要直立，不能种得太深，一般发根部位埋入介质 2~3cm 即可。上盆后浇透水，生长期根据天气情况容器大小和容器中苗木生长情况而定，浇水要浇透，见干见湿。还要及时追肥，容器只有有限的生长空间，经常性地灌水使喜肥的红叶石楠显得营养不足，经常使用速效的肥料易引起烧苗，除盆栽基质中的长效缓释肥外，一般一年需施 1~2 次，同时必须适量补充生长必需的多种微量元素，使苗木健壮生长。施肥方法多用穴施。当苗木根系已盘满容器时应及时换盆，并结合修剪掉病根、枯根等，时间多在春季 3 ~ 4 月和秋季 10 ~ 11 月。

五、红叶石楠的繁殖技术

红叶石楠的繁殖主要有组织培养和扦插两种方法。目前主要以扦插繁殖为主，扦插繁殖成本低、操作简便、成活率高，可在普通塑料大棚内生产。一般宜选择在 3 月上旬春插、6 月上旬夏插及 9 月上旬秋插，结合圃地苗木修剪进行；在具备自动化控温条件的温室，全年均可进行红叶石楠扦插。

扦插苗床有地面苗床和穴盘扦插苗床两种。地面苗床宽 1m左右，长度 20 ~ 30m，基质为未经污染不含草子和病菌的优质洁净的黄心土。苗床底部先铺一层沙，厚约 3cm，利于排水，上面铺黄心土拌一定量的细沙，厚 7cm，两层总厚度 10cm 左右，床面整平；或者用蛭石等基质。穴盘扦插苗床，基质为蛭石、泥炭土、珍珠岩等材料根据需要用几种基质配比混合使用，穴盘底部的苗床上铺一层竹木屑以利于水分的控制。扦插前苗床及基质用 500倍液多菌灵、1 000 倍液甲基托布津或敌克松喷淋，土壤消毒后盖上塑料薄膜，3 ~ 5 天后揭开，将苗床喷透水，以备扦插。

插穗一般采用当年生半木质化枝条，母株应选择 5 ~ 7 年生生长旺盛的青壮年优良红叶石楠品种，穗条粗壮，条芽饱满，无病虫害。采下的枝条要保湿，晴天高温时采穗可选在早晨进行。插穗剪成一叶一芽型，剪口在叶腋上部 1 ~ 2mm，长度视叶片节间长短而定，约为 3. 5 cm 左右。为了减少蒸腾，可将叶片剪去一半，每个穗条保留半张叶片。扦插前插穗基部用 1 000mg/L 生根剂处理，速蘸溶液 2 ~ 5 秒钟，或者在 50mg/kg 的 ABT1 号生根粉溶液中 10 小时，或用 50mg/kg 萘乙酸溶液处理 2 小时后，即可扦插。扦插时应将叶片正面向上，插穗的芽要朝正上方，入土深度为插穗长度的 2/3，露出芽和叶片于地面。株距 3 ~ 4cm，行距 5 ~ 7cm，密度 170 万 ~ 200 万株/ hm^2。插后浇透水，保持床面湿润。

扦插后温度和湿度控制是扦插成活的关键。插后至发根和发芽之前通常都要遮阴，一般棚内温度应控制在15℃以上、38℃以下。在扦插后一周，基质含水量控制在60%～70%，小拱棚内空气相对湿度95%以上为宜。扦插后15～20天部分插穗开始生根，随着多数插穗生根，应逐步开膜通风，以降低基质含水量，保持在40%左右即可。扦插时基本不用基肥，在发根发叶后，喷施水溶性化肥（0.2%尿素），以促进扦插苗健壮生长。当80%以上穗条抽梢生根后，可全部除去小拱棚薄膜，进行炼苗。扦插初期基本没有虫害，病害主要是炭疽病和根腐病，可每隔15～20天喷一次炭克和多菌灵或鲜清抗菌剂防治，发现病株及时拔除带出大棚外烧毁。扦插苗多在扦插成活后的次年秋季，或扦插后的第三年春季裸根苗移植。

六、红叶石楠的病虫害防治

红叶石楠主要的病害是灰霉病、叶斑病、炭疽病和根腐病。而危害较为严重的虫害主要有蚧类、蛾类、蚜虫等。防治原则，以预防为主，采用高效低毒、低残留化学农药防治或生物防治。实行"治早、治小、治了"的原则。

1．病害防治方法

（1）灰霉病可用50%多菌灵1 000倍液喷雾预防，发病期可用50%代森锌800倍液喷雾防治。

（2）叶斑病可用50%多菌灵300～400倍液或50%拖布津300～400倍液防治。

（3）炭疽病和根腐病一般每隔20天喷一次50%炭疽福美可湿性粉剂700倍液和50%多菌灵可湿性粉剂500倍液防治，并及时拔除病株烧毁。

2．虫害防治方法

（1）冬季剪去有虫枝烧毁，以减少越冬虫口基数。

（2）对个别枝条或叶片上的蚧虫，可用软刷轻轻刷除。蚧类大量发生时，在每年 2~4 月初龄虫孵化期，可用触杀剂喷杀，如 2.5% 的溴氰菊酯 3 000~5 000 倍液；50% 的杀螟松乳油 3 000 倍液喷杀，隔 7~8 天再喷 1 次，可以达到很好的防治效果。

（3）刺蛾类可利用成虫的趋光性，设置黑光灯诱杀成虫。刺蛾幼虫抗药力弱，可用 90% 敌百虫、80% 敌敌畏乳油 1 500~2 000 倍液喷杀。蚜虫幼虫防治可采用吡虫啉 800 倍液或 2.5% 的溴氰菊酯 3 000~4 000 倍液喷杀。

随着科技的发展，人们对生活环境的要求已从最初的"绿起来"逐渐向"美起来"过渡，越来越多的彩叶树种被园林设计师们所采用。红叶石楠，在欧美和日本被称"红叶绿篱之王"，并被广泛运用的彩叶树，在公园，庭院、广场中和道路中不论孤植还是群植都显得耀眼夺目，为众多的园林设计师看好。

与我国传统的园林绿化中常绿或半常绿的红叶树种红花继木和红叶小檗相比，红叶石楠叶片革质化程度较高，更具耐寒力，在北京以南的地区可大面积种植；对土壤要求不高，酸碱兼可，有效地减少了养护管理费用，而红花继木仅适宜在酸性土壤种植，红叶小檗虽然对土壤适应性较强，但其为半常绿或落叶树种；红叶石楠红色亮艳，且能长久保持，具有更好的观赏性，而红花木叶片为暗紫红色，色质杂而不纯。另外，红叶石楠生长速度快，萌芽性强，耐修剪，可根据园林需要进行多功能、多层次、立体式的应用，而红花木继木等一般只是作为地被植物应用。红叶石楠可培育成独干、球形树冠的乔木，在绿地中孤植，或作行道树或盆栽后在门廊及室内布置。也可培育成独干不明显、丛生型的小乔木，在居住区、厂区绿地、街道或公路绿化隔离带应用，或群植成大型绿篱或幕墙。而 1~2 年生的红叶石楠可修剪成矮小灌木，在园林绿地中作为地被植物片植，或与其他色叶植物组合成各种图案，红叶时期，色彩对比非常显著。

红叶石楠是全球彩叶树种中最为时尚的红叶树种之一，市场前景一直看好。但在国内才刚起步，目前还处于种苗繁殖阶段，仅有少量种苗供应市场，尚没有大规格苗木供园林运用，还远远不能满足苗圃和园林工程应用的要求。据专家估计，随着我国园林建筑艺术与国际交流的增多，我国近几年将产生 10 亿株红叶石楠等彩叶苗木的市场需求，市场前景广阔，发展潜力巨大。

第四节　大花萱草栽培技术

大花萱草属百合科萱草属，多年生宿根花卉，又称金针花、忘忧草，是经秋水仙碱诱导出的萱草多倍体植株。大花萱草叶似兰草，花如百合，花大、色艳、花期长；且春季萌发早，绿叶成丛，极为美观；植株矮，抗旱，抗病力强，适应性广。可用于花坛、花境、马路隔离带、林间草地以及坡地群植，是融观叶与观花于一体的优良园林绿地花卉。也可作鲜切花美化居室环境。

一、主要品种

1．金娃娃

花金黄色，着花密集，每个花葶可开花 20 余朵。4 月上旬始花，10 月下旬中花，花期 6 个月。株型矮小，株丛高约 35～40cm，分生能力强，耐盐碱，花期极长，是草坪点缀的好品种。

2．紫蝶

花瓣浅黄色，花心紫红色，着花密集，花葶粗壮，可反复开花。花期 6 月中旬至 9 月中旬。分生能力强，抗倒伏能力强。

3．东方不败

花瓣外卷呈粉红色，花心带金色黄晕，色泽娇艳，花大，每个花葶可着花 30 余朵，可反复开花。花期 6 月中旬至 8 月中旬。抗倒伏，生命力强。可做切花和绿植。

4．吉星

花瓣外卷呈浅黄色，花色艳丽，每葶着花 30 余朵，花大。花期 6 月中旬至 8 月中旬。分生能力强，抗倒伏。

5．红运

花红色，花朵硕大，直径可达 10cm，每葶着花 6～8 朵，花期 6 月中旬至 8 月中旬，分生能力强，抗倒伏。

6．维尼

花橙黄色，花瓣外卷，略带褶皱，着花密集，是超矮化品种，分生能力强，是极好的地被植物和盆栽品种。

7．奶油卷

花重瓣，金黄色，花朵硕大，每葶着花 6～8 朵，花葶粗壮且较高约 45cm。花期 6 月中旬至 8 月中旬。株丛高 30～40cm，抗倒伏。

二、大花萱草生态习性

大花萱草喜温暖，叶丛生长最适温度为 10～20℃，耐高温，耐寒性又强，可抵抗 –25℃ 的低温，在华北地区可露地越冬。喜光照，对光照适应的范围极广，全光照能提高光合作用，有利于营养的积累，但对弱光也能适应，在树荫下能生长。抗病虫能力强。对土壤适应性强，耐旱、耐瘠薄，山坡平地、地埂、地边、梯田、丘陵地均可种植，从酸性的红、黄壤到碱性的石灰性土壤都能生长，是城市绿化及油田滩涂地带不可多得的绿化材料。

三、大花萱草的栽培与管理

1．露地栽培管理

一般在春季 3 月初萌芽前栽植，栽植地选地下水位低的平地或灌溉条件好、排水良好、土质疏松、土层深厚的坡地。株行距因栽植目的不同而有所差异：种植于园林中观赏群体效果，株行距以 10cm×15cm 为宜，以便在短期内覆盖地面达到美化效果；以苗木生产为目的，株行距应适当加大 20cm×25cm，保证根系有充分的生长空间，更好地促进苗木生长。栽植前必须深翻土地，细碎土块，以促进土壤中微生物的活动，有利于养分活化，保水保墒，促进萱草根系的生长，深翻后施入腐熟的有机肥，并用1%的敌百虫液喷洒或每平方米撒施30～50g呋喃丹预防害虫。每穴3～5株，栽植不宜过深或过浅，过深分蘖少，过浅长势弱。一般在定植穴内施足底肥，栽后覆细土压实再浇透水，能确保成活率。除施足基肥外，花前及花期需追肥2～3次，每次施肥以速效肥为主，配合磷钾肥，也可喷施0.2%磷酸二氢钾，促使花朵肥大并延长花期。在定植后，幼苗期应及时进行中耕锄草，苗期中耕宜浅不宜深，随苗龄的增加，中耕加深。中根锄草应在土壤墒情适中时进行，待叶丛覆盖土地后即可停止。

定植后需浇透水2～3次，移栽当日应第一次浇透水，隔2～3天再浇一次。如有条件，7天后浇第3次水，并及时覆土，而后需及时松土保墒。随着萱草的迅速生长，进入需水关键期如蕾期、花期、花后期应浇足水。早春浇一次返青水，保证萱草能够迅速生长，现蕾早而且多。还应视天气情况及时进行浇水或排水。11月份上冻前浇足一次越冬水，即可安全越冬。

2. 大花萱草盆栽管理

需选择金娃娃等矮生品种，盆土要求疏松肥沃，排水良好，可用草碳土4份，松针3份，牛粪2份，园土1份，混合配制。栽后注意整形，增强观赏性。浇水应见干见湿，同时根据生长的不同时期浇水次数季浇水时间有所差异，蕾期保证土壤湿润。冬季水温低宜中午浇水，夏季炎热，土壤温度高，应于早晨或傍晚浇水。施肥等其他管理同萱草地栽。

3. 大花萱草繁殖

大花萱草繁殖方法多用无性繁殖，常用分株繁殖，茎芽扦插亦可，而组织培养保证了品种的优良特性和增加了其繁殖系数，可在短期内获得大量种苗，是工厂化育苗的重要途径。播种繁殖，应在采种后即播，经冬季低温于此春萌发，春播当年不萌发。

分株繁殖：一般在3月中旬和10月中下旬进行。首先挖出株

丛，再用刀将株丛分切成 1～2 个芽的小株，每小株需带一定的根，切忌切伤生长点尽量保留肉质根，并适当剪短。春天分株，夏季可开花，只是花期略有推迟，一般情况下 3～5 年分株 1 次，以保证有旺盛的生长势。秋季分株宜早不宜晚，上冻前浇好越冬水，以保证安全越冬。

四、大花萱草病虫害防治

1. 病害防治

病害主要有锈病、叶斑病和叶枯病。防治方法：

（1）种植密度合理，使植物有良好的通风条件。

（2）加强田间卫生管理，及时清除杂草，老叶及干枯花葶，清除种植区内浸染源。

（3）锈病发病初期，可用 15% 粉锈宁可湿性粉剂 1 000～1 200 倍或 80% 代森锌 500 倍液叶面喷施；叶斑病和叶枯病发病初期可用 50% 代森锌可湿性粉剂 500～800 倍液喷洒。每 10～15 天进行一次，可有效控制病害的发生。

（4）选育抗病品种。

2. 虫害防治

虫害主要有红蜘蛛、蚜虫和地老虎。地老虎危害根系，可用 0.5% 敌百虫灌根杀虫。红蜘蛛与蚜虫，可用 40% 乐果乳剂 800～1 000 倍液喷雾防治。

随着城市的日益发展，需要越来越多的低养护的园林植物进行城市绿化，宿根类花卉在城市园林绿化上引起了人们的高度重视。而大花萱草正是这样一种优良宿根花卉。大花萱草植株矮、花大、色艳、花期长，且春季萌发早，绿叶成丛，极为美观，是融观叶与观花于一体的优良园林绿地花卉。耐寒性强，能在北方地区露地越冬，栽植后不需要特殊管理即能连年开花；适应性强，栽植范围很广，一般在各种土壤里都能正常生长，抗病虫能力较强，而且耐旱、耐贫瘠，既可防风固沙，又可美化环境。具有明显的绿化优势和经济优势。

　　生产大花萱草，不需喷灌，病虫害少，每平方米管理费仅 1元左右，而且不需修剪。与普通的冷季型草坪早熟禾比较，管理费用相当于早熟禾的 1／6，用水量相当早熟禾的 1／5。生产单位育苗时早春按每 667 m^2 3 万株计算，通过细心管理，秋季每 667 m^2 芽数可以增加达 12 万～16 万株，产值增加 4～6 倍，经济效益十分可观。目前大花萱草在北京、上海、南京等地已作为优秀的地被植物开始应用，是极具开发价值的地被植物新品种。

　　另外，萱草花蕾干制后可作蔬菜，根含有多种氨基酸和药用成分，具有清热利水，凉血止血、消炎等功效，具有很重要的经济价值。

第五节　百合栽培技术

　　百合花朵硕大，花色各异，姿态优美，芳香浓郁，为世界各国人民所青睐，成为国际花卉市场的主流产品，是世界著名的五大鲜切花之一。而以其百年好合的吉祥、团结、美满寓意，更为中国人民所喜爱，成为今年我国迅速发展的高档花卉。百合种类和品种均甚繁多，花期长，用于绿化时最宜大片纯植或丛植疏林下，草坪边，亭台畔以及建筑基础栽植。亦可作花坛、花境及岩石园材料或盆栽观赏。

一、主要品种介绍

　　百合品种繁多，最为常见的为三大品种群：麝香百合杂种系、亚洲百合杂种系和东方百合杂种系。

（一）麝香百合杂种系

1. 新铁炮百合

麝香百合和台湾百合的杂交种，现已形成具有较多品种的品

种群，是国内生产较多的优良百合切花品种。植株高大，100～180cm，花蕾较大，13～16cm，多直立，花白色，喇叭形，花瓣排列紧密，内外瓣常斜向外伸展，罕见反卷。有一定的耐热性。

2. 雪皇后

较好的切花品种，植株高60～115cm，花蕾中等大小，长13～15cm，横向略下弯，花白色，花瓣排列榆松，外瓣反卷，抗热性较差。

3. 白狐

优良的切花品种，植株高可达130 cm，花蕾中等大小，长13～15cm，横向略下垂，花白色，喇叭形，花瓣排列紧密，内外瓣强烈向外翻卷。抗热性差，对光照不足较为敏感。

4. 爱维踏

优良的切花品种。植株高可达120cm，花蕾中等大小，长13～15cm，横向或斜上，花白色，喇叭形，花瓣排列紧密，上部略向外弯，抗热性差。

（二）亚洲百合杂种系

1. 布鲁拉诺

国内优良的品种。植株长势强壮，高可达110 cm，花蕾橙色，长8.5～11.0 cm，花瓣亮橘红色，花星形。在橙色系中有较强的抗性，对光照不敏感。

2. 新中心

国内栽培时间较长的品种。植株长势强健，高约110 cm，花蕾粗短，长7.5～8.4 cm，花蕾较多，花金黄色，颜色一致，花星形，抗病力强，对光不敏感，适应性广。

3. 凤眼

凤眼又称黄百合，是国内市场上最受欢迎的黄色亚洲系品种之一，植株长势强，高可达120cm，花蕾较多，长8.5～10.0 cm，花黄色，花瓣基部有少量褐色小斑点，从基部延伸到中部有橙黄色斑块。花瓣排列疏松、分离。抗叶烧，灰霉病能力强，有一定的耐热性。

（三）东方百合杂种系

1. 火百合

火百合是我国南方地区优秀切花和盆花的主要栽培品种之一。植株高 60 ~ 100cm，花蕾较大，长 11 ~ 13 cm，饱满直立，花瓣红色，有狭窄的白边，花星形，抗性强。

2. 西伯利亚

优秀的切花品种。植株高 100 ~ 110cm，花蕾大，长 12 ~ 14 cm，花色洁白，内外花瓣向外翻卷，花星形，抗性较强。

3. 元帅

我国北方种植面积较大的优良切花品种，植株高约 100 ~ 120cm，花蕾大，长 13 ~ 15cm，花瓣亮红色，内外花瓣上部略往外卷，边缘波状，红色乳突分布于中部以上，花星形或浅杯形。

二、百合的生态习性

百合科百合属的鳞茎花卉，喜凉爽湿润、光照充足的气候，忌干冷与强烈阳光。生长适温 8 ~ 25℃，因不同品种而异，如亚洲百合、东方百合生长适温白天 20 ~ 25℃，麝香百合为 25 ~ 28℃，夜温在 14℃以上、温度高于 30℃会严重影响百合的生长发育，发生消蕾，开花率也明显降低，低于 10℃生长近于停滞。百合类为长日照植物，低温短日照会抑制花芽分化，冬季在设施中应每日增加光照。对土壤要求不严，适应性较强，但以疏松、肥沃、排水良好的沙壤土为好，pH 值为 5.5 ~ 7。

三、百合的栽培与管理

1. 百合的栽培技术

宜选择排水良好，土层深厚的沙壤土。一般实行 3 年以上轮作制，合理轮作换茬可以调节肥力，减少病虫害，从而提高产量，前茬不宜种葱蒜类作物。栽植前结合深翻对土壤进行药剂处理。每亩用 2.5kg 甲六粉和呋喃丹 2～2.5kg 杀死地下害虫；用 50% 多菌灵可湿性粉剂 1kg 对水 500kg 喷洒土壤，进行灭菌。同时施足基肥，每亩用充分腐熟的堆肥或厩肥 1 500～2 500kg，发酵饼肥 50～75kg，尿素 15kg，钙镁磷肥 20～30kg，硫酸钾 7.5～10kg。

　　百合的栽植期应根据本地情况灵活掌握，一般在 9 月上旬至 10 月下旬。百合的栽培可用高畦或平畦，高畦一般为垄作，适用于地下水位较高和雨水较多的地区，有利于排除积水，平畦适用于降水量较少的地区。合理的密植有利于提高产量，具体的种植密度应根据种球的大小、品种特性、季节的差异及光照等条件而定。大田中其面种植可采用 15 cm×20 cm 的株行距种植。种植深度为夏天种球顶部覆土 8～10cm，冬天 6～8cm，栽植后应浇透水。

　　百合出土到切花前 3 周，应定期追肥，采用土壤施肥与叶面施肥结合的方法，10～15 天一次土壤施肥，15 天叶面喷肥一次。土壤液肥配方：①每亩施 3kg 尿素 + 3kg 硫酸钾 + 1.5kg 硫酸镁（浓度为 0.5%～1.0%，前期施用）；②每亩施 3kg 硫酸钾 + 2kg 磷酸二氢钾 + 1kg 硝酸铵（浓度为 0.5%～1.0%，后期施用）。叶面肥配方：①0.1% 磷酸二氢钾 + 0.05% 硼酸，或 0.1% 尿素 + 0.1% 磷酸二氢钾（前期使用）；②0.2% 硝酸钾 + 0.1% 磷酸二氢钾（后期使用）。蕾期应注意温度要比生长期温度高 2～5℃，光照也要加强，保证切花茎干，花色鲜艳。针对一些品种易形成侧蕾进行剥侧蕾操作，一般在侧蕾长到 0.5cm 时进行，太小不易剥蕾，太大消耗养分过多。同时对植株进行疏蕾，保证开花的质量。花后一般挖出地下鳞茎丢弃，而茎较长的类型可保留部分绿叶培育新的种球。

　　近年来，盆栽百合成为我国年宵盆花的又一亮点。盆栽百合品种应为矮生品种，要求植株高度适中，株型丰满匀称，叶间距短，叶密集，下部叶长而密，不光脚，花朵多而密集，如火百合，新中心，布鲁拉诺等。根据每盆种植的种球个数选用适宜的口径大小的盆，而盆栽基质要求疏松、通透、干净、质轻，以泥炭：河沙：珍珠岩＝2：2：1的配方比例为好。种植时间一般为10～11月，种植前应对种球进行消毒处理，用甲基托布津600倍液浸泡种球15～20分钟后用清水冲洗，晾干后种植。种植前先在盆底垫上2cm后的基质，种球顶部覆盖厚度为8～10cm的基质，种植时使根系散开，种球的头部直立向上，种植后浇定根水。

盆栽百合的浇水要见干见湿，注意保持空气湿度的稳定性，维持在80%左右，避免叶烧病的发生。盆栽百合的施肥注意营养的全面，茎生根形成前以叶面肥为主，配方0.2%尿素＋0.3%磷酸二氢钾；茎生根形成后一淋施水肥为主，每隔3～5天施肥1次，配方0.3%硝酸钾＋0.1%磷酸镁＋0.1%硼酸；蕾期以淋施水肥为主，配方0.3%硝酸钾＋0.2%磷酸二氢钾，促进花蕾的生长。

2. 百合的繁殖方式

（1）种子繁殖：新铁炮百合可以用实生苗生产切花。种子应挑选成熟饱满的褐色种子，华南地区可在10月中旬前后自然环境下播种，北方地区可于早春在温室中播种。生产上多在育苗盘及穴盘中育苗，容器育苗的基质可采用泥炭土50%＋沙30%＋珍珠岩20%的配方配制，基质pH值为5.5～7.0，也可在土壤中播种，土壤应选择通气排水性好的沙壤土。播种前对种子进行35～40℃温水浸种3～6小时，待种子充分吸水后，稍微晾干表面水分后即可播种。也可将浸泡后晾干的种子在5℃低温下处理1周，提高百合种子发芽率和发芽势。播种密度以种子间隔1～1.5cm为宜。播种后应覆盖细土，盖住种子，保持湿润。发芽时空气湿度控制在80%～90%，气温15～20℃，一周后可发芽，长出5～

6 片真叶时可定植生产切花。

（2）扦插繁殖：百合的鳞片扦插多在秋季和春季进行。选用品种纯正、鳞片肥厚的球茎的中外层健康的鳞片进行扦插。扦插前用 400～600 倍的多菌灵或百菌清浸泡 30 分钟消毒，后取出阴干备用。扦插基质应选用有机质丰富，排水良好的沙壤土。将鳞片以 45°斜插在畦面上，深度以 1/2～2/3 为宜，间隔 3cm 左右。插后浇透水，保持温度 15～25℃，基质湿度为 60%～70%。

（3）分球繁殖：利用茎基部形成的小球，叶腋形成的株芽培育商品种球。一般在春秋两季进行，春季无霜期后可种植。将收获种球时获得的小鳞茎进行清洗、分级、消毒后放入冷库，在 4～5℃处理 6 周后种植，按 10cm×20cm 的株行距定植，苗期进行追肥，以氮肥为主，现蕾后以钾肥为主，注意及时摘蕾，促进中秋膨大，具体配方同百合大田栽培肥料配方。茎叶枯萎后即可采收。

（4）组织培养：可以快速地培育出大量的脱毒的种球。培养条件为每日光照 9～14 小时，光照强度为 800～1200Lx，室温 20～25℃。待其分化出小芽，将转入生根培养基上（MS + IAA1.0mg/L + BA0.2 mg/L 或 MS + NAA0.8mg/L + BA0.2 mg/L），培养基 pH 值为 5.8，使其壮苗生根，之后进行驯化和移栽。

四、百合病虫害防治

1. 灰霉病

这是危害百合植株的主要病害之一，可浸染百合花、叶、茎及果等，从生长期到开花结果期均可发病，花蕾上最严重。病害症状随发病部位不同而不同。花蕾发生病害时，花蕾变褐，不能正常开花；而在花瓣上形成水渍状斑块；叶片上常为大小不一的黄褐色至红褐色圆形或椭圆形斑块，有些斑块中央为浅灰色，边缘呈淡紫色，天气潮湿时斑上产生灰霉层，干燥时病斑变薄而脆，严重时受浸染的叶片引起叶枯；病害蔓延到茎秆会使生长点死亡。该病通过风雨在植株间迅速传播，随着夏季雨水增多，雾露重，病害扩展较快。

防治方法：

（1）应减少浸染来源，将患病植株的叶片集中烧毁，防止病菌传播。

（2）进行轮作，防止病菌通过土壤传播，轮作时间为 3 年以上。

（3）栽植时加大种植株间距，加强田间管理，加强通风透光，排水通畅，勿积水，合理施磷、钾肥，增加抗病力。

（4）在生长季用 50% 多菌灵 500 倍液，或 75% 百菌清 500 倍液，或甲基托布津 500 倍液，或 50% 速克灵 1000 倍液喷洒，10～15天一次，连续 2～3 次进行预防。

2．百合疫病

该病主要浸染植株的茎和叶。茎干受到浸染时在靠近土表处形成水渍状甚至褐色斑块，嫩茎顶端枯萎，受害植株在短时间内便死亡。叶片受到浸染，初期产生水渍状小斑，而后逐渐扩大成灰绿色至淡褐色大斑，严重时花叶全部腐烂。天气潮湿时，病斑处产生白色霉层。该病通过雨水飞溅引起再浸染，很快造成病害暴发，6～8 月为发病高峰期。

防治方法：

（1）应减少浸染来源，将病株掘起集中烧毁，防止病菌传播。

（2）注意排水，中耕除草时注意保护茎部不受伤，防止病菌从伤口浸入。

（3）发病初期用 0.5% 波尔多液 1000 倍液，或 40% 乙磷铝 300 倍液，或 25% 甲霜灵 2000 倍液，或 70% 敌克松原粉 1000 倍液喷洒，喷洒时应使足够的药液流到病株基部及周围土壤。

3．鳞茎基腐病

主要浸染植株茎基部，受害时茎基部变为暗褐色至腐烂，叶

片下垂变黄，植株停止生长而死亡。该病菌由土壤病残体带菌浸染植株，病菌发生需要高温，常在湿度较大、温度较高时突然发生病害。

防治方法：栽植时应选用健壮无病种球，并对其进行药剂处理，另外良好的农业栽培措施相配套也可有效地预防该病害的发生。

4.病毒病

浸染植株叶和花。植株发病时叶片变黄，急速落叶，植株萎缩，花蕾萎黄不开，花冠开裂，生长、开花不良甚至枯萎死亡。该病一般由蚜虫传染或人为接触等传播。

防治方法：主要进行预防。

（1）防治蚜虫吸取病株带病毒的汁液时，将其传播出去，反之，蚜虫是防止病毒蔓延的有效途径。

（2）防止接触传染，勿用手或工具经常接触百合植株，减少植株感病率。

（3）及时清除受害植株，拔除并烧毁。

5.蚜虫

有桃蚜和棉蚜两种，是危害百合最普通的虫害之一。6～8月危害最为严重，蚜虫吸取植物汁液，使植株叶片失绿卷缩，质地变硬变脆，植株萎缩，引起植株生长不良而影响开花结果。

防治方法：

（1）彻底清田，清除杂草，消灭越冬虫源。

（2）虫害发生期喷洒40%乐果或氧化乐果1200倍液，或灭蚜松乳剂1500倍液，或2.5%鱼藤精1000～1500倍液。

6.蛴螬

蛴螬是金龟子的幼虫，主要危害百合的鳞茎和根。7～8月多雨、土壤湿度大、厩肥使用较多的土壤发生严重。该幼虫主要活动在土壤内，吃去根系和鳞茎盘，直至破坏整个鳞茎。

防治方法：

（1）进行轮作。

（2）应使用腐熟的有机肥，防治成虫来产卵。

（3）田间出现蛴螬危害时应进行捕杀，挖出被害植株根部附近的幼虫。

（4）施用毒土，每亩用90%晶体敌百虫100～150g，或50%辛硫磷乳油100g，拌细土15～20kg做成毒土。

（5）用1500倍辛硫磷溶液浇植株根部进行防治。

百合切花是继世界五大切花（月季、香石竹、菊花、唐菖蒲、非洲菊）之后的一支新秀，是近些年才发展起来的，也是目前世界上最受欢迎的切花之一。百合是国际花卉市场的主流产品，销量产值一直在全球切花中名列前茅。在欧洲，荷兰百合的年销售额达到1.5亿欧元，列切花生产的第四位；美国的盆栽百合年销售量名列全美商品盆栽类的第五位。近几年，百合切花以其高贵大方的品质逐渐受到国内消费者的喜爱，市场消费量步步攀升，在沈阳、上海、广东等地，百合销量一直在逐年上涨。随着百合销量的增加，我国的百合生产面积也逐年迅速增加，每年增长幅度达20%以上。目前我国百合切花栽培面积较大地区有上海、广东、北京、甘肃、陕西、辽宁、云南和四川等地。而生产面积的扩大大于消费量的增加。加上大多数农户生产的百合切花多在同一时间上市，造成产品积压，互相压价。而那些错开百合切花上市期的公司，生产的百合花却仍是盈利。市场面临调整，小规模种植、低科技投入的农户和企业纷纷放弃种植和倒闭。但百合切花仍是国内切花市场上的重要花卉，占有重要的市场份额，有较高的经济价值。在市场经济杠杆的驱动下，百合切花生产的前景会越来越好。生产百合切花，只要生产时机正确，质量有保证，仍是有利可图。

在我国生产切花百合要注意以下几个问题：

第一，要发展我国的百合切花产业，降低生产成本，必须要解决制约我国百合生产的瓶颈——百合种球的生产。我国生产百

合切花一直依靠进口种球，生产成本居高不下，自繁种球处于刚起步阶段。在我国建立起规模化、标准化、商品化的种球繁育中心，完善种球采后处理技术体系，开发新品种，实现百合优质商品种球的国产化已势在必行。

第二，加大科技投入，不断改进栽培技术。在种球管理、花期控制、肥药配比上加强科学化、规范化的管理，保证切花质量，提高单位面积商品切花产量。

第三，考虑消费习惯和消费季节，预测花期，进行反季节栽培，并适时种植，种植者才能在市场经济这个杠杆下获得经济效益。

第六节　切花香石竹

香石竹别名康乃馨、麝香石竹，是石竹科石竹属多年生草本植物。因其品种繁多、香气宜人、花色多彩、花大型美，且单朵花花期长，深受人们喜爱，是著名的"母亲节"之花，亦是世界各国重要的切花植物。

一、切花香石竹主要品种

切花香石竹品种繁多，主要育成于美国和欧洲，目前栽培应用的主要分为单花型和多花型两类。单花香石竹是目前世界切花香石竹的主要类型，也是国内市场的主要类型，常要求株高90～120cm，花径8～9cm，花瓣55～70瓣。生产上常用美国香石竹和地中海香石竹，美国香石竹生长旺盛，节间较长，叶片较宽，但耐寒性差。地中海香石竹节间较短，叶片狭长，不易裂苞，较耐低温，产量高。在国内市场上多头香石竹数量较少，但从20世纪80年代后期以来，栽培面积逐年扩大，也越来越受消费者的喜欢。多花香石竹常要求每茎着花3～7朵，株高80～100cm，花径5～7cm，花瓣25～30瓣。此外我国也有切花香石竹新品种，如云南省的云之蝶、云凤蝶、云红 1 号、云红 2 号等，栽培时应根据具体的生产目标与该地区的气候条件合理选择品种。

二、切花香石竹生态习性

香石竹原产欧洲南部、地中海沿岸至印度地区，适于比较干燥的空气环境，喜冷凉气候，但不耐寒。生长发育的最适温度为 19~21℃，夜温以 9~10℃ 为宜。昼夜温差过高则叶窄、花小、分枝弱。夏季 >35℃，冬季 <9℃ 时生长缓慢，甚至停止生长或表现异常。温度低于 0℃ 以下花蕾以及花瓣易受冻害。不同品种对温度要求有一些差异。如黄色系品种，生长适温 20~25℃，开花适温是 10~20℃，而红色系品种，要求较高的温度，低于 25℃ 则生长缓慢，甚至不能开花。土壤要求养分充足、透气、排水性能好，最适 pH 值为 5.6~6.5，香石竹是中日性花卉，阳光充足才能生长良好。冬季低温弱光和连阴天时，可适当人工加光。如长期处于弱光条件下，叶片、枝条、花茎将会变得细弱易折断，并易诱发各种病害。

三、切花香石竹的栽培管理

香石竹属须根系植物根系较浅，大部分分布在地表 20cm 之内，喜欢较为干燥的生长环境，怕积水，怕涝，多用高畦栽培，一般畦宽 1~1.2m，畦高 25~30cm，两畦之间间隔约 50cm，要求作深沟。种植前结合整地施用 2 000~2 500kg/ 667m² 的猪、牛或鸡粪等腐熟的有机肥和约 100kg/ 667m² 的复合肥（N、P、K 之比为 2:1:2），与土壤混匀，深翻。同时用 0.1% ~0.3% 的甲醛液（福尔马林）浇入土中，立即盖上地膜对土壤进行消毒。10 天后揭膜，松土 2~3 次，待土中甲醛充分挥发后，即可种苗。

1. 定植

时间在 4~5 月或 10~11 月，选择阴天或晴天傍晚（15:00 以后最佳）种植，高温天气也可种，但必须遮阴。定植密度 25~

30 株/m²。栽苗要求浅栽，以刚刚没根系为好，第一对叶不可没入土中，浅种既有利于根系生长，又可防止种植过深而感染茎腐病。栽后应马上浇透定根水，并喷一次杀菌剂（百菌清或多菌灵1 500～2 000 倍）。第二天复水，每隔 3～4 天要进行一次叶面喷雾，直至植株长出新根毛为止。香石竹植株高可达 70～100cm，为防治倒伏，在种植后 1～2 天张网。一般用尼龙绳编织的网格即可进行，同时安上 3～4 层网，以后随植株生长顺序拉上各层，并经常把茎秆拢到网格中。通常第一层网离畦面约 15cm，其他各层网之间相距约 20cm。

2. 施肥

香石竹喜肥沃土壤，生长期要保证其对肥料的要求。除重施用基肥外，应及时追肥。追肥应薄肥勤施，以稀薄饼肥为主，辅之以化肥（硝铵、尿素、硫酸钾等）。并且注意根据不同时期适当调整追肥量，定植初期植株对土壤营养要求较低，可每周施肥1 次；在生长旺期的 8～9 月及次年 4～5 月需多施肥，可每周 2次。一般来说，初春每隔 7 天施 1 次肥，夏季略少于秋季的施肥量，秋季每隔 5 天施 1 次，冬季每隔 10 天施 1 次，施肥浓度应掌握在 0.2% 左右。摘心前一般不追肥，孕蕾开花期及采花后适当重施，并且在这一期间每隔 10 天要喷 1 次 0.2% 磷酸二氢钾进行叶面追肥，有利于减少香石竹裂萼和瘪花。

3. 浇水

香石竹苗期浇水要干湿交替，缓苗期保持土壤湿润，缓苗后要适度"蹲苗"，使根向下扎，形成强壮的根系。摘心后给正常水分，以利腋芽萌发。当分枝长到 10cm 左右再逐渐减少浇水，使表土变白，迫使根系向土壤深层发展，促进根系强壮。如此水分管理要持续 3～4 周。夏季土壤水分含量不宜过高，浇水应做到清晨浇水，傍晚落干。9 月中旬开始，增加浇水次数，原则上不能垂直叶面浇水，叶面湿度高，易引起茎叶病害，要横向对根部浇水。滴管浇水可做到表土湿度较低，中层土较湿润。

4．摘心

为了达到周年均衡供花，除了控制定植时期外，还可利用香石竹具有分枝多的特性，进行摘心提高切花产量和调节花期。主要的摘心方式有一下几种：

（1）单摘心：仅摘取植株的茎顶尖，可使4～5个营养枝延长生长、开花，从种植到开花的时间最短。

（2）半单摘心：继原主茎单摘心后，侧枝延长倒足够长时，每株上有一半侧枝再摘心，这种方式使第一次收花数减少，但产花量稳定，避免采花的高峰与低潮。

（3）双摘心：继主茎摘心后，当侧枝生长到足够长时，对全部侧枝再摘心，双摘心造成同一时间形成较多数量的花枝，初次收花数量集中，易使下次花的花径变弱。

（4）单摘心加打梢：开始是正常的单摘心，当侧枝长到长于正常摘心时，进行打梢。这样减少了大批早茬花，而再一年多的时间内能保持不断有花。此方式像双摘心一样能大大提高花的产量。

具体采用何种摘心方法，视种植者对目标花期的要求而定。摘心一般不超过3次，一般每株植株保留3～6个侧枝即可，其余侧枝从基部剪除。生产上常用的摘心方法有两次摘心和一次半摘心。两次摘心即在定植后3～4周，待植株基部长出2～3个侧芽并长出明显的叶片时才能进行一次摘心，摘心后叶片不得少于4对；然后对第一次长出的侧枝进行半摘心；第二次摘心在第一次摘心后1个月左右，是对第一次摘心后长出的全部侧枝进行摘心，摘心后叶片要留下3～4对。摘心要在晴天进行，摘心时应双手操作，避免提升植株导致损伤根系，操作时一手捏住所摘芽的茎节基部，另一手捏住顶芽向侧面下压摘取顶端部分，但需注意，必须把生长点摘除，避免摘假。为使其花朵大、枝条均匀、枝条直，需及时摘除侧芽、侧蕾，并注意从侧边摘除，以免伤及枝条，造成枝弯即"弯脖子"花。摘心后及时喷杀菌剂（百菌清

1 000 倍），以后每隔 7～10 天喷一次药，农药要交替使用，以防病虫产生抗性。摘心后着手挂第 1 层网，挂网的支柱最好用见方 10cm×10cm、高 1.5m 的水泥杆，每畦 6 根。第 1 层网离地面 15cm，以后每隔 20cm 挂 1 层网，一般挂 3 层。支撑网以 10cm× 10cm 的尼龙网为好。网一定要撑展撑紧，以保证花秆挺直、不倒。

四、切花香石竹的繁殖方法

香石竹切花生产用苗，可用播种、压条、扦插法繁殖，而以扦插法为主。一年四季均可扦插，一般在春季 2 月上旬到 3 月上旬扦插容易，成活率最高，生长健壮，秋季次之，夏季较难。采穗时间宜在清晨，此时植株含水量高，茎脆易折。选择无病、生长健壮、开花整齐、节数少、质量好的植株做母株，取植株中部生长健壮的侧芽，即第 3～4 侧芽。采穗时要用"掰芽法"，一手握住植株基部，另一手捏住枝条上部侧掰，留下基部 2～3 个节，保留插条 3～4 对叶片，使插芽基部带有节痕，这样更易成活。如果插穗不能立即扦插，需要贮藏在 1℃ 的冰箱内，并用用湿布覆盖保湿。

扦插基质多用疏松透气又能保持水分混合基质，常用配方为 3:1 的珍珠岩和腐叶土。扦插前对基质进行消毒，可用 0.1% 的高锰酸钾液或多菌灵等药剂，消毒后覆膜，一周左右可进行扦插。插条用 500mg/L 的生根粉液速沾后立即扦插有利于生根。扦插时可用竹签在基质上打洞扦插也可把基质翻疏松后，用插条直接插入基质中。扦插密度 2cm×6cm 株行距较好，深度为 1～1.5cm，若插得太深，易茎腐死亡。扦插后必须浇透定根水，使基质与插条基部密结，以利吸水成活。适宜香石竹扦插苗生根的温度在 20℃ 左右，插后注意遮阴，保持基质湿润，切忌干水或水多。20 天后插条生根，此时注意控水，以免水分太多导致根系腐烂。扦插后 1 个月可去掉阴棚，炼苗 1～2 周移栽定植。

五、切花香石竹的采收与贮藏

采花适期一般以花蕾吐色 $1/3 \sim 1/2$，花瓣尚未松开为佳，在夏季高温期 $3 \sim 4$ 成开，冬季低温期 $5 \sim 6$ 成开为宜。采花应在早上或傍晚进行。根据需要确定切花长度并剪切，剪口在花枝基部由下而上第 4 节、第 5 节处，去掉下部叶片。按颜色分类，按质量分级，标准以 $20 \sim 25$ 支为 1 束，套上专用的塑料套袋，除去茎下部 $2 \sim 3$ 对叶，切口剪平，然后立即插入水中吸水，置于 $4 \sim 5$℃冷库中贮藏，必要时可降到 0℃，相对湿度为 90%。

香石竹保鲜剂处理：香石竹切花对乙烯敏感度较高，通常都是用含有抑制乙烯产生的保鲜剂处理，对延长香石竹的切插寿命，效果明显。通常在 1mmol/L STS 溶液中浸渍 $1 \sim 2$ 小时，可冷藏 4 周左右，如需长期贮藏 $10 \sim 12$ 周，在贮藏前用 0.3mmol/L STS 溶液中浸渍 17 小时，并在 STS 中加入 10% 的蔗糖以补给养分。

六、切花香石竹的病虫害防治

1. 叶斑病

叶斑病是一种世界性病害，主要发生在叶部，严重时茎、花蕾上都可发生。多从下部叶片开始发病，初为淡绿色水渍状小圆斑，以后扩大成紫色或褐色中央灰白色的近圆形或椭圆形斑，边缘为褐色。后期病斑上产生粉状黑色霉层，病叶枯萎下垂倒于茎上但不脱落。茎部病斑多在节上发生，灰褐色，环绕茎部使上部叶片枯死。花蕾上病斑圆形，花瓣不能开放或成为扭曲的畸形花。此病发生普遍，危害严重，温室或保护地栽培在湿度大的条件下终年发病。

防治方法：

（1）与其他花卉实行 2 年以上的轮作。

（2）选择抗病品种，从健壮植株上选择无病插条，或用茎尖组织培育无病幼苗。

（3）加强栽培管理，适当增施磷、钾肥，增强植株的抗病性。

（4）加强温室的通风透光能力。

（5）露地栽培要防止地面湿度过大，雨天注意排水。

（6）发病初期用 50% 代森锰锌可湿性粉剂 500～700 倍液，或 50% 甲基托布津可湿性粉剂 500 倍液。每隔 7～10 天喷 1 次，连盆 2～3 次。

2．病毒病

香石竹病毒病目前有 10 多种，我国发现 5 种，分别是香石竹叶脉斑驳病、潜隐病、蚀环病、坏死病及斑驳病。香石竹受病毒侵染后，植株生长衰弱、矮化、畸形；叶色偏淡或有花叶、斑驳症状；花朵变小花苞开裂，花色暗淡并常有杂色斑等症状。

防治方法：

（1）加强检疫，减少病毒的初侵染源。

（2）以脱毒苗作繁殖母株，建立脱毒母株基地。

（3）注意田间卫生管理，发现病株及时清除并销毁。

（4）对于蚜虫传播的病毒可进行防虫治病，如用 10% 吡虫啉可湿性粉剂对水喷雾。

（5）必要时喷洒 1000 倍液的多病灵可湿性粉剂。

3．枯萎病

发病初期，植株的顶梢生长缓慢，一侧枯萎，另一侧正常生长，造成畸形，病变后植株的叶色由深绿转变成淡绿，最后变为稻草色，植株枯萎。此病在高温高湿时发生严重，通过根、茎浸入植株体内危害。

防治方法：

（1）与其他花卉实行 2 年以上的轮作。

（2）选用不带病种苗和插穗。

（3）发现病害植株立即拔除，减少浸染来源。

（4）发病初期可喷施 50%多菌灵 500 倍液或代森锰锌 500～600 倍液，进行土壤消毒。

4. 灰霉病

灰霉病是温室和大棚种植香石竹的一种常见病害。主要危害花器、枝条和叶片。花瓣和花蕾染病时，最初从花瓣边缘开始出现淡褐色水渍状，如遇环境潮湿，花瓣腐烂，并有灰色的霉层，干燥时花瓣变褐干枯；叶片染病，多在叶尖或叶缘处出现褐色水渍状斑，湿度高时也产生灰霉层；枝条染病，出现水渍状小点，后扩展为长条形斑，出现茎腐，病部以上枝叶枯死。气温在 20℃左右、湿度较大时，病害发生严重。

防治方法：

（1）减少浸染来源，发现感染的病花和病株，应立即清除。

（2）降低环境空气湿度。

（3）发病时喷施用 75％百菌清可湿性粉剂、50％速克灵可湿性粉剂或 10%速克灵烟剂等消毒。

5. 虫害

香石竹虫害主要有蚜虫、螨和蓟马等。蚜虫危害使植株生长缓慢，叶片卷曲畸形，还是多种香石竹病毒病的携带者和传播者；螨类危害使植株叶片变厚变脆，卷曲且凹凸不平，嫩茎稍扭曲畸形；蓟马危害植株叶和花，受害时幼叶卷褶，老叶产生灰白色斑点，花受害后花瓣褪色。

防治方法：

（1）改良土壤结构，合理轮作。

（2）加强栽培管理，合理浇水施肥。

（3）注意生产场地的清洁卫生，减少病虫害的传播。

（4）发现虫害时，螨类用 20%螨死净 2500 倍液防治；蓟马用 40%乐果乳油 1000 倍液杀蓟马；利用蚜虫堆黄色的趋性，用涂有不干性黏液胶的黄板诱杀有翅蚜，或用 25%吡虫啉可湿性粉剂喷雾防治。

自 20 世纪 90 年代中期以来，香石竹在西欧、北美及荷兰的销售额排名在下降，而在日本和俄罗斯对香石竹切花的进口量逐年增加。切花香石竹的生产区域从传统的北美和地中海沿岸国家转移到低纬度、高海拔的发展中国家和地区。

在中国香石竹切花市场发展很快。香石竹的营养生长期为 100 ~ 120 天，产花期可达 60 天。在所有切花生产中单位面积效益最高，一个标准日光温室年产 4 万 ~ 5 万枝鲜花，鲜花能够达到国际特级标准的质量，收入在 2 万 ~ 2.5 万元之间。较好的经济效益推动了切花香石竹的种植热潮，种植面积在飞速增长。而要在我国发展香石竹的切花产业，并具有较高的竞争力，要立足长远，开展自育品种的研究工作，培育拥有自主知识产权的新品种，开展自己的脱毒保种的研究工作。并结合适当引种，筛选适合自己产区生产条件又符合国内审美标准品种，加强技术投入提高切花质量和单位面积产量。

第七节　杜鹃

杜鹃花期长，花色艳，花色多，开花整齐，深受人们喜爱，杜鹃盆花、绿化用苗一直是国际市场的主流产品之一。近些年来，杜鹃盆花越来越被人们接受，已成为我国节日和年宵花的主要品种之一，并占有一定的市场份额。杜鹃在市场销售额逐年增加，主要以会议、租摆等团体消费为主，而家庭消费逐渐上升。

一、主要品种

目前国内栽培的杜鹃多是 20 世纪初从日本引进的，主要有春鹃、夏鹃、东鹃及西鹃等几类。

1. 春鹃

常绿至半常绿直立灌木，独干或数枝丛生，叶长椭圆形，深绿色，花常 3 朵合为一个花苞，生于枝顶，4 月底 5 月初开花，花朵繁茂，几乎密不见叶。适应性强，生长迅速，体型高大。这类杜鹃包括锦绣杜鹃、白花杜鹃及其变种和杂交种。

2．夏鹃

体型较小，叶互生，叶质厚，色深，多毛。花期5月中旬至6月，花冠5裂，花型多变，花色有红、紫、粉、白、镶边等复色。该类杜鹃发枝力强，枝叶特别丰满，外形整齐美观，是现代杜鹃盆景的主要材料之一，栽培品种较多。

3．东鹃

常绿灌木，高 1～2m 左右，叶卵形较薄，枝顶着生花蕾，多达 3～4 个，同一花蕾中有 1～3 朵花，花小，花色有白、粉、红、紫、水黄、白绿、镶边、洒锦等，多数为单瓣，也有二轮重叠，或称套筒或双套。花后从叶腋间萌发新梢。花色品种甚多，该类杜鹃生长旺盛，萌发力强，耐修剪，其枝条细软，易于造型，是理想的盆景材料。

4．西鹃

体型矮小，发枝粗短，生长缓慢。叶片厚实，深绿色，集生枝顶，叶面毛少，叶片的大小，形状变化较多。花多为重瓣，色艳，花大，观赏价值高。长江以北地区4月中、下旬开花。品种较多。如玫瑰皇后、爱丽、王冠、加州晚霞等。是栽培类型中最美丽的一种。

二、杜鹃的生态习性

杜鹃花多数种植于高海拔地区，性喜凉爽、半阴，忌烈日高温；喜湿润，忌干燥；喜 pH 在 5.5～6.5 的酸性土，忌碱性；喜排水良好，忌积水。生长适温为 12～25℃，高于 30℃ 或者低于 10℃ 生长缓慢，超过 35℃ 以上或在 5℃ 以下则处于休眠状态。杜鹃花为浅根性植物，栽培的品种没有主根，侧根较多，须根特别发达。

三、杜鹃栽培

1. 杜鹃的露地栽培

杜鹃花是酸性土植物，栽培杜鹃应选择土层深厚、疏松、肥沃、pH 值 4.5～6.5 的酸性土，黏土较沙质土好。若土壤不能满足条件，应进行客土改良。通常施矾肥水，施肥结合浇水，改良土壤。杜鹃移栽起苗时要带土，保护根系，裸根苗易干枯。树穴要大，多填新土，栽植距离可按植株大小及需要进行调整。栽植完后，一定要立即浇一次透水，起定苗作用。

（1）浇水：杜鹃花根系较细弱，既怕涝又不耐旱，因此要控制水量。水要选择河水、井水、地下水等无污染的水源，一般以 pH 值在 5.5～6.5 的弱酸性水为宜，pH 值不能超过 7.0，新鲜的自来水可以用 0.5%～1.0% 的硫酸亚铁或 300 倍食醋加以调节。浇水时间以早晚为宜。浇水应遵循两个原则：一是浇水必浇透，忌浇半截水；二是冬干夏湿，冬季应少浇水，夏季蒸发快应多浇水。春秋两季是杜鹃花的生长、开花、育蕾期，需每隔 2～3 天浇水 1 次，夏季 1 天浇水 1 次并经常向叶面、地面喷水，增加空气湿度，冬季可 2～4 天浇水 1 次。

（2）施肥：杜鹃花施肥的原则是薄肥勤施。常用的肥为鸡粪、发酵豆饼渣、花生饼等充分腐熟的基肥加水浇施，或喷施浓度为 0.2% 的复合肥磷酸二氢钾、磷酸二铵等。一般幼苗不施肥，4 月后可施用稀薄液体厩肥，次年春定株分栽后多施氮、钾肥，花期要增施磷、钾肥，每个月地面施肥 2 次和叶面喷肥 1 次，N、P、K 比例为 1:2:2，浓度在 2‰～3‰ 之间；叶面喷肥的浓度在 2‰左右。地面追肥与叶面喷肥不要同时进行，时间应错开 7～10 天。地面施肥用复合肥（N、P、K 含量均为 15）、尿素、氯化钾、过磷酸钙；叶面喷肥用绿芬威 2 号、磷酸二氢钾等无机肥。老年期多施氮肥延长树龄。肥料必须充分发酵沤熟，方可施用。春秋两季是杜鹃生长的旺季，要保证水肥充足，3 月、5 月、

9月和10月可每隔15~20天施肥1次，高温季节不施肥，冬季植株生长停止，也不施肥。

（3）花期修剪：修枝摘心常用于整理树形。杜鹃生长缓慢，幼年期一般不需要修剪。对成年植株于春季剪去偏枝、徒长枝、病虫为害后的残枝或冬季冻伤的枯枝，以及过密枝条，花谢后要及时剪除残花，减少养分的消耗。摘心是人为去掉顶芽，促进下面的新枝早发。有时树形不齐，也可以在缺损的部位用摘心的方法刺激它多生枝条充实树冠的完整。杜鹃花枝杆耐修剪，剪后具有很强的潜伏芽萌发能力，易于人工造型，可作为优良的盆景材料。

2. 杜鹃的盆栽

一般在春、秋季上盆。基质选择要求疏松透气、有机质含量高、排水性好，常用配方有3:1配比的泥炭土和椰糠，或1:1的腐叶土与珍珠岩。在基质中加入适量的硫黄粉、白矾，可增加盆土的酸性。在北方长期养护应定期（2~3月）施入少量硫酸亚铁以调节基质的pH。栽苗前盆底部最好铺上一层碎石、煤渣或松针、杂草等物，以利渗水防止积水烂根。杜鹃移入花盆后，要适当遮阴缓苗，温度控制在15~25℃。缓苗期结束后要保持光照为全光照的2/3。浇水要根据天气情况，植株大小，盆土干湿及生长发育需要，灵活掌握，水质忌碱性。每3~5年换盆一次，换盆时施入少量骨粉作基质，通常在春、秋两季进行，带好原有的土球，按照"大苗用大盆，小苗用小盆"的原则，选择比原来的盆大一号或者大二号的盆，同时修整根系。盆栽杜鹃的其他管理养护同露地栽培杜鹃。

四、繁殖方法

常用播种、扦插和嫁接法繁殖。

1. 播种繁殖

常绿杜鹃类最好随采随播，落叶杜鹃亦可将种子贮藏至翌年

春播。杜鹃种子细小，故多用盆播。种子撒播均匀后，上面薄覆一层细土；放于阴处，气温20℃时，约20天左右即可出苗，3～4年即可开花。

2. 扦插繁殖

扦插是其主要繁育方式，其优点是采集容易，操作方便，成活率高。

一般于5～6月进行。插穗应选节间较短，当年生长旺盛、无病虫害的半木质化或木质化枝条，除去侧枝和花蕾，并将枝条剪成5～7cm，去掉3cm以下的叶片，保留3～4片叶子。如选取的枝条不能随采随插时，应将枝条放在阴凉处保存，放置的时间最好不要超过1天。扦插介质用河沙、蛭石、珍珠岩均可，厚15～20cm，下铺7～8cm厚的排水层。插穗一般以60°斜插入土，深度为3cm左右，为插穗长度的1/3，插后用水细喷浇透，设棚遮阴。保持插床湿润，一般晴天3天左右、阴天5天左右浇透水1次。温度控制在25℃左右，气温过高或湿度太大时要将薄膜的两头打开降温降湿，避免高温灼伤高湿滋生病害。一般约1个月即可生根，2个月后可揭开薄膜，3个月后扦插苗的根系生长丰富后即可上盆栽培。西鹃生根较慢，需60～70天。常绿杜鹃发根较难，用激素处理，可提高生根率。

3. 嫁接繁殖

嫁接也是繁殖杜鹃花较常用的方法，其优点是可以提高其抗性，加速生长速度，可以早成型。砧木多用春鹃和毛鹃。常用嫩枝劈接或腹接法，在每年5～6月初或9～10月初进行，温度在20℃左右，湿度在90%左右为宜。嫁接后1个月左右便可转入正常生长，接穗长至一定长度，可以摘心促其分枝。

五、杜鹃的病虫害防治

1. 褐斑病

褐斑病是杜鹃上一种主要的叶部病害，病害发生初期，叶片上产生红褐色小点，逐渐扩大成圆形或受叶脉限制呈多角形，正面色深，背面稍浅。病斑上产生许多黑色的霉层。发生严重时，叶片枯萎、卷曲脱落。多发生在高温高湿的季节，造成大量的落叶，使树势衰弱，影响植株的生长发育。

防治方法：

（1）减少浸染来源，冬季配合清园，清除病叶，集中烧毁或深埋。

（2）夏季保持通风，早晚增加透光时间，增施钾肥，避免土壤过湿。

（3）发病初期（一般在5月上旬）或发病高峰期（一般在6、7、8月各有1个高峰期），向叶面喷雾70%甲基托布津（800倍液）、50%多菌灵可湿性粉剂600～1 000倍液或1∶1∶200波尔多液，每隔10天喷1次，连续2～3次。

（4）选用抗病的品种，如云锦杜鹃、江西杜鹃、鹿角杜鹃等高山杜鹃。

2．叶肿病

主要危害杜鹃的嫩枝、梢和叶片等幼嫩部位。叶片受害后，叶片褪绿，逐渐肿大变成浅红色，背面凹下、正面隆起，表面被白色粉状物，后期病斑变褐枯萎脱落。嫩枝嫩梢受侵染后，症状同叶片。一般雨季发病，雨日多、日照少、湿度过大、温度偏低（适宜温度为15～20℃）、植株过密、通风差易使该病流行。发病高峰在春末夏初和秋末冬初，以春末夏初发病最严重。

防治方法：

（1）尽量减少浸染来源，彻底清除病叶、病枝和病梢，集中烧毁，在病部产生白色粉层前清除是防治最佳时期。

（2）通风透光，减少空气湿度。

（3）在发病初期（一般4月底，9月底）向叶面用1∶1∶100波尔多液、70%甲基托布津或70%百菌清1000倍液喷雾。

3．花腐病

危害花瓣，被浸染处首先出现圆形水渍状褪色斑，病部变薄，半透明，后扩大成褐色腐烂，花期缩短，花朵下垂，早谢、脱落，影响观赏效果，花瓣枯萎后产生黑色菌核。一般在春雨季节发病严重。

防治方法：

（1）花期过后及时清除地面枯花和植株上的残花，温室内栽培杜鹃可通过降低湿度来减轻浸染。

（2）开花前用1∶1∶100波尔多液喷洒土壤表面，花期用70%甲基托布津或70%百菌清1000倍液喷雾。

4．黄化病

杜鹃缺铁黄化病是一种生理性病害，主要是土壤缺铁或铁素不能被吸收利用，因此影响叶绿素的合成，此病多发生在嫩梢新叶上。感病初期叶脉间褪绿，失去光泽，顶端新生小叶变白，最后全叶黄化，脱落。

防治方法：

（1）栽植前将松树皮打碎，撒施在土壤中，或者在原土中加一定比例的泥炭土，改良土壤以满足杜鹃花对土壤酸度的要求。

（2）多施用堆肥、绿肥、有机肥、酸化土壤。

（3）发病时，向叶面喷雾0.3%～0.5%硫酸亚铁水溶液3～4次。

（4）盆栽杜鹃生长期间向叶面喷洒0.2%～0.5%的硫酸亚铁水溶液，发病时可换酸性土并浇施1%～3%硫酸亚铁水数次，可使叶子回黄转绿。

5．杜鹃冠网蝽

又名军配虫，以成虫、若虫在叶子背面刺吸危害，被害叶片正面形成白色斑点，影响光合作用，致使植株生长缓慢，叶背出现锈黄色污斑。受害植株树势衰弱，提早落叶，影响植株的开花和生长。

防治方法：

（1）注意保护和利用捕食性天敌草蛉、蜘蛛和蚂蚁。

（2）5月间发生第一代若虫危害时，每周喷洒1次50%杀螟松1 000~1 500倍液、40%乐果1 000~1 500倍液或80%敌敌畏乳剂1 000~2 000倍液。

6. 红蜘蛛

危害植株叶片，成虫和若虫聚集在叶片背面吮吸汁液，叶背呈现油渍状，紫褐色斑点，叶面呈灰白色斑点，受害叶片失去光泽，叶柄呈紫褐色，严重时叶片枯黄，早期落叶，影响生长和观赏。6~8月份高温干燥季节危害较为严重。

防治方法：每年5~9月间用三氯杀螨醇乳油1 000倍液每隔25天喷药防治，主要喷叶片背面。

杜鹃花生产周期短、循环快，一次性投资可长期受益。我国福建的龙岩、江苏的宜兴及辽宁的丹东市现已成为国内杜鹃花的主产区，生产面积也逐渐扩大。杜鹃花市场竞争激烈，杜鹃花卉产品质量越来越被人们所重视，种植者不能盲目扩大生产规模，只追求规模、数量，必须重视选育和引进新品种，加强技术投入，提高自身的竞争力。如造型杜鹃自投入市场以来，供不应求，2006年年宵花市上更是为生产者创造了巨大经济效益，市场表现极为抢眼，业内人士普遍认为，在未来5~10年内，造型杜鹃会保持一个良好的发展势头。

第八节　一品红

一品红是世界几大流行盆花之一，其花大、色艳，观赏价值高、摆放周期和货架寿命长，相对于其他盆花而言，一品红具有相当大的优势。在我国，北方由于冬季缺花，具有节日气氛的一品红特别受到青睐。销售季节可包括圣诞、元旦、春节三大节日，从11月开始一直销售到第二年2月份，销售季节长达两三个月。消费群体以会议、租摆等团体消费为主。

一、主要品种

目前市场上的主要品种是从国外进口的矮化品种，植株高度不超过50cm，株形紧凑，花色鲜艳，观赏价值高。按苞叶的颜色分大致上分为红苞、粉苞、白苞、紫色、黄色和复色系列。常见的品种有红色系列中的深红柯蒂斯千禧、彼得之星、索罗拉、自由、倍利、金手指等。

二、生态习性

一品红原产于墨西哥和中美洲，性喜温暖湿润的气候，耐寒性差，冬季气温要保持在10℃以上，怕强光，夏季要防止直射光。生长适温15~20℃，35℃以上生长减慢，茎干变细，叶片变小且畸形，冬季气温降到10℃时开始落叶休眠，气温回升后侧枝萌发新枝，寒冷地区都作温室栽培。一品红属典型的短日照植物，在短日照条件下才能进行花芽分化，形成花蕾并显色，故可以在栽培中调整光周期来控制其花期。开花时气温不得低于15℃，一般在10月下旬花芽开始分化，12月下旬开始开花。对土壤要求不严，耐干旱、瘠薄，在疏松、肥沃、排水良好、pH值为5.5~6.0的微酸性土壤上生长良好，生长期间不宜过干或过湿，否则易落叶。

三、一品红的栽培与管理

定植时间因销售时间不同而不同：国庆期间出售，可在5~7月上盆，圣诞节、元旦期间出售可在8~9月上盆。壮苗的定植采用一盆一苗，12cm以下的小盆每盆种1苗，15cm盆种3株，20cm盆种8~10株。选择质地疏松、通气良好、保水保肥的基质，常用配方有泥炭＋珍珠岩＋河沙（2:1:1），泥炭土＋园田土（1:1），并加入少量的鸡粪、牛粪等有机肥料。栽植时盆底应放入细碎的砖或瓦砾，栽后浇透水。定植后温室内盖遮阳网，避免强光照射，适宜温度为 18～28℃，不得超过 30℃，高温季节可采用在花盆四周勤洒水、及时通风等措施降低温度，冬季温室必须有增温和保温设施，以保证温度不低于 8℃。

1．浇水

一品红既不耐旱，也不耐涝，所以盆土既不能过干，又不能积水。浇水应做到不干不浇，浇则浇透的原则，同时根据植株生长情况与气候条件，严格掌握浇水次数。换盆后新芽萌发时需水量小，不需要大水，水量过大易烂根；春季随气温回升，一品红进入生长旺季，需水量大，但要防止徒长，每 2～3 天浇一次水；夏季枝叶繁茂，气温高，每天应浇水 2 次，雨季应及时排除积水；深秋及冬季，每隔 4～5 天浇一次水，但叶面应在每天日出前喷一次水，花期切勿将水浇到苞片上，以防腐烂影响观赏性。

2．施肥

一品红生长快，需肥量大，施肥要掌握薄肥勤施、看势定量的原则。定植时在基质中要加足量的基肥，以缓效肥为主。在其生长期还需每周浇以液肥或进行叶面施肥。营养生长期，每周施 1 次 0.033%～0.057% 浓度的溶液，其 N、P、K 比例为 20:10:20 水溶性速效多元复合肥，花期每周施一次 0.033%～0.057% 浓度的溶度，其 N、P、K 比例为 20:10:25 水溶性速效多元复合肥，为防止徒长，氮肥不能施得过多。

3．整枝修剪

一品红生长旺盛，一般用摘心和绑扎弯曲操作，使枝条高矮一致，分布均匀，使开花及苞片变红时，盆面为一层鲜红苞叶覆盖。生长期进行 1～3 次摘心促使多分枝。一般在定植后 30 天左右，当植株长到 7～8 片叶时进行第一次摘心，过 7 天后将新发的芽按发枝方向，选留 4～5 个主头。当侧芽长到 7～8 片叶时，进行第二次摘心，以促发侧枝，促使植株矮化；当侧芽萌发后选留 10～15 个枝头，待枝头长到 7～8 片叶时进行作弯，时间宜在下午 6～7 时，此时枝条含水相应减少而发软，如在早晨作弯，则

易折断。作弯时，在盆内适当位置插上 4~5 个细竹竿，将枝条向下拉，并用塑料条固定在竹竿上，然后将枝条向同一方向侧转，并将其固定在同一水平面上，经过一段时间，等枝条有伸长15cm 左右时，即可向相反的方向折回。以后视生长情况仍要作弯多次，最后应使所有枝条的顶端在同一个水平面上。

盆栽一品红在花后换盆时也应修剪，在枝条基部 5cm 处短截，使新萌发的枝条粗壮有力；当新梢长到一定高度时去顶，促发新梢，延续生长，达到花枝矮小、叶繁花茂效果，修剪时根据长势留剪口芽方向。

4. 矮化处理

为达到盆栽一品红的观赏效果，应选择株型较矮的品种。但由于一品红生长强健，在正常管理下植株往往偏高，栽在花盆中有损观赏价值，生产上多使用生长调节剂控制植株高度。一般用 0.15‰~3‰ 的矮壮素进行叶面喷施，使一品红节间缩短，植株矮化。多效唑 3 000~6000mg/L 灌根也能使植株矮化，并且有较好的效果。灌根应在根已充分发育后尽早使用，一般在摘心后 2 周灌根，过迟将影响总苞片大小，一般不迟于 10 月中旬。若矮化剂使用不当，如施用过迟、浓度过高会产生不利影响，如使苞片变小、变形，叶片变黄或边缘枯褐，开花期延迟等。

四、一品红的繁殖技术

一品红的繁殖方式主要是扦插繁殖。

1. 硬枝扦插

扦插时间是在植株越冬后，春季 3~5 月翻盆时进行。插穗选择健壮、无病虫害、已木质化、带 2~3 个节或 3~4 个芽眼的 1 年生枝条，剪取 10~12cm，上剪口要求平滑，下剪口应剪成斜面并涂上草木灰、干土或生根粉，待剪口稍干后插入基质约 4~5cm。剪插穗时要注意保持工具的清洁，及时消毒，以免带菌或感染病虫害。枝条剪后若不能马上扦插，应将剪下的枝条放在室内或阴凉处，立即向枝条洒水，以防干条。扦插基质可用河沙、珍珠岩或泥炭的单一或混合基质。扦插的当日不要浇水，一日后用水将苗床灌透。插后注意遮阴、保湿。在扦插完的当天或第二天对扦插苗进行拨心，即拨开遮住嫩芽的叶片和过于阴蔽的叶片。拨心的作用是为了让嫩芽、叶片更好地接受光照。温度控制在21℃左右，半个月后开始生根，新根长出后施一次水肥，隔7～10天再施一次。注意浓度不要过高，施肥后根系生长发育更快，叶片也发育更好，幼苗生长得更健壮，移栽后成活率也更高。生根后一个月即可移栽入盆，并置于荫处几天，再移入阳光充足处，将顶部摘心，促使分枝。

2. 嫩枝扦插

时间为每年的5月下旬到6月下旬。选取春季萌发的粗壮新枝作插穗，在嫩枝生长到有6～8片叶子时，剪取具有3～4个节约7～10 cm长的嫩梢，去除基部叶片，留2～3片叶子，立即投入清水中或蘸以草木灰，阻止白色乳汁外流，稍加晾干，插入排水良好的蛭石、锯末或素沙等基质中，扦插后保持温度18～25℃，经常喷水保持湿度，并适当遮阴，约15～20天生根，再经2周后移栽上盆。扦插苗的其他管理同硬枝扦插。

3. 根插繁殖

结合春季3～4月换盆剪根，将剪下的根径0.5cm以上的根剪成约7～10cm长的根断，将根断插入基质，露出土面1cm，约1个月即可成苗，可进行移栽。扦插苗的其他管理同硬枝扦插。

五、一品红病虫害防治

1. 根（茎）腐病

危害幼苗、成年植株及刚上盆的已发根的扦插苗植株根及茎部。发病初期，植株茎基部或根部出现褐色的缢缩，整株出现萎蔫现象。发病后期茎部病斑呈黄褐色凹陷，造成植株因严重缺水而枯萎致死，最终整株呈水浸状黄化、腐烂而死，近地面部分可

见白色菌丝，严重时可扩展至栽培基质表面。根部患病时，往往造成根腐现象。发病时期一般以高温季节发生较为严重，在土壤含水量较高时也极易发生。尤其是栽培基质含水量较高、茎部受伤或基质表面有肥料盐分等积累时最易发生。

防治方法：

（1）选择不带病植株上盆或作母本。

（2）栽培基质保持适当湿度，浇水不能过度；在夏季栽培时尽量降低温度，最高温度不要超过30℃。

（3）栽植和扦插前进行基质消毒，可用五氯硝基苯或福尔马林消毒。

（4）发病初期可选用25％甲霜灵可湿性粉剂800倍液喷雾，或土壤菌虫双杀1 100倍液灌根，或精雷多米尔1 000倍液喷雾，喷雾与灌根结合，交替轮换用药，每7～10天1次，连续防治2～3次，若是扦插苗要及时拔除，立即消毒杀菌。

2. 灰霉病

一品红生产中的主要病害，可危害一品红花序、苞片、叶片、枝条。发病初期植株被浸染的组织初期有水渍状淡黄色病斑，后期病斑明显向下凹陷呈黑褐色，严重时病斑处呈干枯状，完全失去观赏价值。该病主要发生于冬季，此时正值一品红开花季节，一旦遇到阴雨绵绵、潮湿无阳光的天气，病害往往呈暴发态势。

防治方法：

（1）植株不要摆放过密，注意通风。

（2）冬季避免傍晚浇水，以免夜间多湿导致植物发病。

（3）及时清除室内感病植株，避免病害扩展传播。

（4）在发病前，进行一些保护性农药的喷施保护，如用50％多菌灵500倍，75％百菌清700倍。

（5）发病后可选用50％速克灵可湿性粉1 000倍液喷雾，或25％甲霜灵可湿性粉剂1 000倍液喷雾，或50％扑海因可湿性粉剂 1 500 倍液喷雾，还可用速克灵、百菌清烟雾剂熏蒸防治（每 667m² 用药量 250 ~ 300g），各类药物交替使用，每 7 ~ 10 天 1 次，视病情连续防治 2 ~ 3 次。

3. 叶斑病

叶斑病多由老叶开始发病，植株发病初期叶片上产生紫红色至褐色小斑点，以后病斑逐渐扩大且互相愈合而形成一大病斑，后期病斑中央渐渐转为灰褐色。严重时致使叶片扭曲、干枯。该病借雨水、风转播，由叶缘或伤口侵入，主要在春、夏季发生。

防治方法：

（1）及时清除病叶、病株，浇水时避免将水溅到叶片及苞片上。

（2）运输过程中，防止碰伤叶片。

（3）发病初期可选用 70% 代森锰锌可湿性粉剂 1 000 倍液喷雾，或 50% 甲基托布津 1 500 可湿性粉剂倍液喷雾，或 64% 杀毒矾可湿性粉剂 600 倍液喷雾，50% 多菌灵可湿性粉剂 1 000 倍液喷雾，交替用药，每 7 ~ 10 天防治 1 次，连防 2 ~ 3 次。

4. 白粉病

白粉病危害植株叶及花序。发病初期，叶表则常出现绿色斑块，苞片出现斑点，随着病情的加重，植物的表面出现白色的霉状物，受感染的组织坏死。冷凉、高湿及昼夜温差较大的环境，有利于白粉病迅速流行，春季或深秋是该病的高发季节。

防治方法：

（1）加强管理，及时清除病叶、病株，做到温室清洁卫生。

（2）保证足够的养分供应，避免植株长势衰弱，提高抗病性。

（3）注意通风，避免一品红长期处于高湿环境，昼夜温差保持在适当程度，最大温差不要超过 15 ~ 18℃。

（4）发病初期可选用 15% 粉锈宁可湿性粉剂 1 500 倍液喷雾，或 40% 多硫悬浮剂 600 倍液喷雾，或 58% 甲霜灵锰锌可湿性粉剂

600 倍液喷雾，各种药剂交替使用，每 7～10 天防治 1 次，连防 2～3次。

5. 白粉虱

白粉虱是一品红最易发生的虫害。以成虫、若虫群集叶背吸食植物汁液，导致叶片黄化、萎蔫。由于白粉虱繁殖较快，当数量庞大时，可分泌大量蜜露，导致煤污病的发生，严重时可导致一品红失去观赏价值或死亡。温度高、湿度比较低及通风不良的情况下，白粉虱会大量发生。

防治方法：

（1）选用未带虫体的苗木。

（2）在一品红扦插和移栽之前，要彻底清理棚内及棚外周边的杂草和残株败叶，消除虫源，并在各入口处设立细目纱网，阻止虫体入侵。

（3）黄板诱杀：依据白粉虱有强烈的趋黄性，尤以橙黄色最强的特征。在白粉虱发生危害期间，在黄色塑料板上涂一层机油进行诱杀。

（4）在 9 月下旬种群密度高峰期，向叶片背面喷药。喷药时间为早上 6～10 时，此时为成虫刚刚羽化，对药剂抵抗力不强，防治效果好。药剂可选用 24% 灭多威 1 000 倍液喷雾，或 2.5% 天王星乳油 3000 倍液喷雾，或 1.8% 阿维菌素乳油 3000 倍液喷雾，或立螨思乳油 1000 倍液喷雾，每 7～10 天防治 1 次，连防 3～4 次。如果大棚密封性较好也可选用 10% 棚杀烟雾剂进行熏杀。

6. 螨类

成螨、若螨以刺吸式口器吸食叶汁液，使叶片产生小灰斑，发生严重时植株生长停滞，叶片枯干，掉落，植株死亡。

防治方法：

（1）选用未带虫体的苗木。

（2）清除残枝枯叶，并注意设施内卫生，注意通风。

（3）发病初期可选用1.8%阿维菌素乳油3 000倍液，或73%克螨特乳油2 000～3 000倍液，或20%灭扫利乳油2 000～3 000倍液轮换防治，每7～10天防治1次，连防3～4次。

目前高质量一品红产品价格上升，而低档产品价格一低再低。随着一品红产业的壮大，除了中、高档一品红由于进行专业化、规模化生产而不断排挤现有低品质一品红以外，高质量一品红的生产规模由于受技术和设备的限制，仍将保持供不应求的状态，应该能够有更高的获利空间。另外，高品质的一品红还可以销售到我国香港、澳门地区以及日本等周边市场。因此，一品红产业的发展空间及市场前景非常广阔，整个产业有巨大的市场潜力。

第九节　月季

月季是世界著名的切花，同时又是园林绿化中不可或缺的花卉，在世界花卉市场上占有举足轻重的地位，在绿化街道、公园中具有不可替代的作用。国内城市的很多街头绿地、住宅小区都可以看到它的身影。

一、主要品种

月季品种繁多，按栽培方式可分为切花月季、盆栽月季和地栽月季等。

（一）切花月季品种

1. 金卡片

花金黄色，高心卷边杯状形，花径8～10cm。叶片黑绿，植株直立多分枝。切枝长40cm，生长势强，产量高。

2. 达拉斯

花深红色有光泽，高心卷边杯状形，是大红色品种中的代表品种。植株直立挺拔。切枝达90cm，产量高，花瓣不耐日晒，应注意遮阴。

3. 外交家

花粉红色，高心卷边杯状形，花径大。植株多刺，抗病力中等，切枝长50cm，产量高。

4. 雅典娜

花白色，高心卷边杯状形，花径12cm。植株半直立，枝硬挺，刺少，长势强，抗病力强。切枝长50～60cm，产量高。

5. 爱斯梅尔黄金

花金黄色，有红晕，高心翘角杯状形，花径10～12cm。植株直立，长势强健，刺少，注意防治白粉病。切枝长60cm，产量高。

6. 金奖章

花黄色，泛红晕，卷边杯状形，花径8～10cm。植株直立长势强健。切枝长50～60cm，产量中等。

7. 红成功

花大红色，质朱红色，高心略卷边杯状形，瓣多质硬，花径10～12cm。植株半直立，抗热，可做夏、秋季切花生产。切之长度达80cm，产量中等。

8. 红衣主教

花红色有绒光，高心卷边杯状形，瓣质硬，耐插，花径10～12cm。植株半直立，抗病力强。切枝长度50～60cm，产量高

9. 坦尼克

花白色，高心翘角状，是白色切花中的佼佼者，花径14cm。植株直立，近无刺，萌发力强，较为抗病。切枝长60cm，产量较高。

10. 贝拉米

花浅粉色，高心卷边杯状形，花径13cm。植株直立，生长强健，少刺。切枝长50cm，产量中等。在我国粉色系切花月季中生

产面积较大。

（二） 盆栽月季品种

1. 法兰西风

花粉红色、明亮，盛开时翘角，花瓣较多，花量大、花期长，是优良的微型月季盆栽品种。

2. 阿尔达梅朗

花略纯白至乳白色，盛开时呈卷边盘状，花径5cm，花瓣多。花量大，2～3朵簇生于一枝，叶大，浅绿色。

3. 株墨双辉

花深红色带黑红色绒光，外瓣色深，内瓣色浅，卷边杯状形，花径10～12cm，浓香。植株株型矮小，扩张，小叶深绿，小型叶，嫩枝嫩叶红褐色，刺多而小，分枝力强，生长强健，但抗病力较弱。花开始繁茂，勤开，耐开，是盆栽的优良品种。

4. 戴高乐

花淡蓝紫色，高心卷边杯状形，花径10～12cm，浓香。植株半开张形，小叶绿色，嫩叶浅褐色，分枝力中等，生长旺盛，抗病力强。

5. 爱

花红色有绒光，高心翘角，花径8～10cm，植株直立，株型中等，小叶绿色，嫩枝嫩叶红褐色，皮刺多，分枝力强，生长旺盛，抗病力强。

6. 糖花条

花浅玫瑰色镶嵌乳白色斑纹，高心卷边，花径12～14cm，浓香。植株株型中等，直立，小叶绿色，嫩叶泛红，刺少，分枝力强，长势、抗病力均较强，是盆栽的佳品。

（三） 地栽月季品种

1. 金凤凰

花黄色，外瓣边缘颜色略浅，卷边翘角杯状，花径12cm左

有，芳香。植株直立，小叶深绿有光泽，嫩梢红色，皮刺多而肥大，分枝力中等，生长旺盛，抗病力强。

2. 一等奖

花粉红色，开后花瓣颜色加深，高新卷边，质厚，浓香，花径13～15cm。植株半直立，小叶深绿色，嫩枝嫩叶红色，皮刺多而小，分枝力中等，生长势强健，抗病力强，花开繁茂，且开花时间长，是非常优良的地栽品种。

3. 摩纳哥公主

花白色，有宽排红色的边，高心卷边杯状，花径12～14cm，芳香。植株半扩张型，小叶深绿，嫩叶红褐色，刺较少，分枝力强，长势强健，抗病力强。

4. 林肯

花深红色，有绒光，高心翘角卷边型，花径11～13cm，浓香。植株直立，小叶深绿，嫩枝嫩叶红色，皮刺直而多，分枝力强，长势强健，抗病力强，是地栽的优良品种。

5. 巴西诺

花大红色中心带黄色，单瓣，花径3cm，花期5月初至11月上旬，四季开花型，株高10～15cm，冠幅第一年可达50cm，适宜平坡绿化。

6. 小天鹅

花白色，花径5cm，花瓣多，花期5月初至11月上旬，四季开花型，株高40～50cm，冠幅80～100cm。生长季节不需要修枝，适宜绿化坡地及平地，也可在庭院内作藤本、半藤本运用。

7. 藤和平

花柠檬黄色镶红边，高心翘角型，花径12～15cm，微香。蔓生藤本，生长势强，春、秋季开花良好，适宜花篱和花坛种植。

8. 至高无上

花鲜红色，花径5～8cm。大型蔓性藤本，小叶暗绿色，嫩梢微红色，植株强健，生长季内常开花，花多、群集，耐开，抗日晒，是花门、花篱、花柱的优良品种。

9．夫人

花色纯粉微带亮光，花径大，有淡茶香味，花瓣多，花缓缓开放，叶似蜡有光泽，秋天最美。

二、月季的栽培管理

（一）露地观赏月季的栽培

露地观赏月季的栽植地应选在向阳背风、灌排水方便的地方。整地时施入腐熟的厩肥、堆肥等农家肥料，每平方米 20kg；化肥一般用过磷酸钙，每平方米 20g，平铺在地表，然后翻入土中。栽植时间在我国南方地区可在冬季植株停止生长落叶后，一直到春天开始发芽前，以一、二月最为适宜；而在我国北方地区冬季寒冷，应在冬季冻土之前将月季带土球挖出进行低温贮藏，在 3 月中、下旬土壤解冻后进行种植。生长季进行栽植时，应适当修剪，并采取遮阴、降温、喷水保湿的方法，保证栽植成活。栽植前应对其根部进行修剪，剪去腐烂有病的根或起苗时折断的根。种植时应注意保持根系的湿润，种植密度应以品种的生长特点而定，一般小花矮型月季的株行距为 30～60cm，而生长强壮的或高杆月季株行距为 60～100cm，栽后立即浇透水。在生长期内应进行适当修剪保持树形完整、平衡，剪去残花、老枝、弱枝和病枝等，一般在谢花和冬季可进行修剪。月季定植后应给予追肥，一般在早春或秋季连续开花时，每 5～6 周追肥一次保证开花。入秋后少施氮肥，多施磷、钾肥，应勤施薄施，施肥后进行灌水，促进化肥的溶解和吸收。栽后的浇水应根据雨水的情况及气温高低和土壤持水力决定。一般在春、秋开花期前后需水较多，促进发梢孕蕾，开花。浇水时间夏季和秋季应在早晨，初春和冬季则在中午。生长期同时要注意中耕锄草，保证月季的正常生长。

（二）切花月季的栽培

品种选择：切花月季的品种选择应根据花、枝叶、产花量、抗逆性、管理等多方面进行考虑。应选择植株生长强势，耐修剪，形成的切花枝数多；枝长，且坚硬挺拔、刺少；两次采花相距时间短；花色艳丽、纯正；花型优美，花朵开放缓慢，质地硬，外瓣整齐；叶平整，有光泽，叶片大小适中；抗逆性强等品种。

1. 切花月季的栽植

切花月季一般采用现代化温室、节能温室和塑料大棚为主。前者可周年生产切花，但成本较高，后两者主要根据当地气候调节生产供应切花，多在春、夏、秋三季，生产者应根据自身条件考虑安排。栽植地应选在排水良好、日照充足、耕土层深厚，土壤富含有机质的地方，整地时每平方米施入 6kg 腐熟的有机肥，并与耕土充分混合。一般定植床宽 65～70cm；栽植密度在我国一般为每平方米种 6～7 株苗。栽植时应使植株根系充分舒展，栽植深度一般在温室中使芽嫁接点露出地面 2～3cm，使其发新梢，但若在北方大棚或露地栽植时应将嫁接点埋入地下 3～5cm，防冬季冻害。栽植一般在春季或秋季进行。

2. 栽后管理

修剪对切花月季的生产尤为重要，可保持植株通风良好，维持株体的健壮，改善切花品质和调节产花期。在小苗阶段应控制植株着蕾开花，及时去掉花蕾，是植株营养生长的阶段，直至主枝养成。主枝一般为嫁接点的脚芽，在芽发枝枝条粗度到 0.6～0.8cm 时可留作主枝。但主枝一般不应直接留作花枝，还应再剪枝，着花主枝蕾着色时进行摘心，之后发的枝可留作花枝，主枝不能留得太短，或留叶太少，否则影响以后该主枝上着花枝的生长。同时生长季应及时摘除侧芽、侧蕾、去砧芽、剪去病枝、病叶、弱枝等；注意中耕锄草和覆盖。切花月季需要大量的有机质肥料，除种植前在土壤中施入大量有机肥作为基肥外，以后每年秋季配合中耕或更新修剪，以沟施和穴施的方法，补充大量有机肥，一般每年每平方米施入2kg。

3．切花月季的折枝技术

冬季切花型温室生长的月季，由于夏季温室内温度高一般不生产切花，主要利用这段时间整枝修剪。一般在7月中旬，折枝前半月停止浇水，高度控制在50～70cm。将上部枝叶折向低处，利用植物顶端优势的原理，促使下部芽的萌发，而上部枝叶的保留还可继续进行光合作用，使新发的芽长得粗壮，但要注意及时摘除所折枝条上再次长出的芽，否则前功尽弃。折枝要折而不断，可把枝条弯曲，在折枝前上部枝叶可适当修剪，但必须保留足够的枝叶数。所折枝条在新枝长出来以后仍要保留相当长的一段时间，待新枝叶比较茂盛时才能清除。

（三）月季盆栽

月季盆栽一般选择微型月季和垂吊类月季，这几类月季，株型矮小；花多，勤开，花色艳丽，花小而密或花大而美；枝条紧密，耐修剪，抗病力强，枝短叶小，刺小而少或枝垂。多选用通气性较好的泥盆或瓦盆栽培，大小视植株规格而定。月季的盆栽用土要求疏松透气、有肥力而且质轻。常用1：1：1的园土、充分发酵的厩肥和堆肥混合而成，也可选用泥炭、珍珠岩与园土厩肥拌和。月季上盆时间宜早春萌芽前或冬季落叶后进行，此时月季处于休眠状态，易于成活，而生长季节上盆要对植株进行适当的修剪，尽量少留嫩枝、嫩叶，遮阴和保持环境湿度，有利于其成活。栽后浇透水，后期浇水应视盆土干湿程度而定，浇水要做到见干见湿，切勿过干或者是盆内积水。浇水时间一般春、秋季宜清晨浇水，夏季以傍晚浇水为好。而对于月季盆栽施肥尤为重要，盆栽月季持续开花，养分消耗过多，而盆栽土有限，因此应及时施肥，保证月季的正常生长。施肥要掌握勤施薄施的原则，厩肥、饼肥一定要腐熟后才能使用。使用液肥和叶面肥结合，在新枝长到 2～3cm 时，用 0.1% 磷酸二氢钾或磷酸二氢铵或 0.1% 磷酸二氢钾加 0.1% 尿素混合液施 1～2 次，以保证月季的花芽分化；孕蕾后，叶面可增加 0.2% 磷酸二氢钾，也可同时在浇磷酸二氢钾加碳铵或农用氮磷钾复合肥液，浓度为 0.2%。同时盆栽月季应结合换盆进行修剪，换盆一般在冬季休眠期，新根和嫩芽尚未萌发之前进行，换盆后植株保留 3～5 个健壮枝，每枝基部留 2～3 个芽，其余全部剪去。生长期也要进行及时修剪，花后及时剪去残花及上部枝，留下壮芽，对过密枝、衰弱枝也应及时剪去，通过这样的修剪可使盆栽月季株型不大且枝干健壮，每年花开繁茂的效果。

三、月季的繁殖方式

月季的繁殖有播种、嫁接、扦插、分株、压条、组织培养等，其中最常用又便捷的是嫁接法和扦插法。

（一）嫁接繁殖

嫁接繁殖是切花月季生产中常用的方法之一。月季嫁接多用蔷薇实生苗作砧木，其适应环境的能力比月季强，长势旺、生长快，且嫁接后的月季能提前开花。该法繁殖月季较为容易，前期长势旺，生长快，开花早，花大，经济效益显著。月季嫁接有芽接和切接两种方法。

1. 芽接

将芽贴在砧木上，由接芽发育成一个独立植株叫芽接。该法较为节约接穗、繁殖率高、易成活，成苗时间短、苗木质量好。有"丁"字形、"工"字形和方块接 3 种方式。砧木应无病虫害，生长健壮，枝为容易剥离皮层的绿色茎，据地面 2～3cm 处的茎木质化且直径大于 0.5cm。接芽应芽眼饱满且无病虫害。切砧木时在距地面 3～4cm 处，横切一刀，深达木质部，在切口中部深达木质部向下垂直切一刀，切口长 1.2cm 左右，切口呈"丁"字形，"T"形下面再横切一刀，而呈"工"字形，接着用刀将皮层掀开但不剥掉。芽片的切取方法是，在芽的下方先斜切一刀，深达木质部，然后在芽的上方斜向下用力切到木质部，再均匀平滑地从上至下端切口把芽片切下，剔除其木质部，芽片总长为 1cm 左右，宽 0.4cm 左右。最后将芽片插入砧木的切口内，注意芽片上端和砧木皮层要紧靠，然后用韧性薄膜缚扎，从芽的上部逐步向下缠紧，且要重叠防止雨水进入，露出芽和叶柄。嫁接后应保持根部有充足的水分，一般 3～4 天后，可检查是否成活。芽的叶柄一碰即落，而芽仍为绿色，表明已成活。注意去除砧木的萌芽。

2．切接

又分为绿枝切接和休眠期切接。绿枝切接是将砧木的地上部枝条减去，从断面一侧向下削一长约 2cm 的切口，接穗每枝留 2～3 个芽，基部削成约 2cm 长的切面，将其插入砧木内，对准形成层，用塑料袋绑紧。而休眠期切接则是将砧木从苗圃地掘出进行嫁接，方法同绿枝切接，接后假植，约 3～4 天接穗成活后去砧木芽进行定植。接后要注意保持接穗湿润，应定期喷雾。

（二）扦插繁殖

一般选择自身根系发达的品种，如丰花月季和微型月季，扦插易成活。一般 1～2 年可成苗，分为绿枝扦插和硬枝扦插两种。

1．绿枝扦插

是在生长期剪取当年形成的枝条进行扦插，一般在 5～6 月或 9～10 月扦插成活率较高。扦插时应剪取生长健壮充实、无病虫害的生长枝，插穗一般留 3 个节，枝上部留 2 片复叶，每个复叶留 2～4 片小叶，后用生长素处理插条基部，可促进生根。扦插基质要求干净、疏松透气、利于排水，又能保水，常用泥炭、珍珠岩、河沙、苔藓等单独或混合使用，并且应保持湿润，空气湿度要保持在85%以上。可利用全光照喷雾育苗对其进行扦插，生根率较高，但移栽前应进行炼苗，保证成活率。

2. 硬枝扦插

结合冬季修剪进行的扦插。在冬季修剪下的枝条中选择无病虫、生长健壮、木质部充实、芽眼饱满的硬枝削成带3~4个芽的插穗，枝条上部两个芽各带2片小叶，插穗基部和上方均可剪成斜面，增加与土壤的接触面和防止积水。扦插基质同绿枝扦插，一般覆地膜后扦插，插时将1~2个芽插入土中，留1~2个芽在土上，柱行距5~10cm，插后浇透水，以后保持湿润即可。

（三）组织培养

常用带芽茎段或花谢后7~10天的茎段作为外植体，以MS + BA（2~3）×10^{-6} + 糖3%作为启动培养基，诱导腋芽萌发。培养条件为每日光照不低于10个小时，室温（25 ± 1）℃。腋芽萌发后，带芽接种进行增殖培养，继代培养基为MS + 6 – BA（1~3）×10^{-6} + 糖3%。将茎上部2~3cm的茎段接种在生根培养基上发根。生根培养基为1/2MS + IBA0.5 × 10^{-6}，加入活性炭10g/L。生根培养基中诱导7~10天后将其脱瓶移入土中，这比在试管内生根后再移成苗率要高，试管内发根时间过长，根系老化，移栽成活困难。脱瓶后将其栽入1/2珍珠岩，1/2椰糠或泥炭混合的基质中，遮阴1~2周，湿度保持70%~80%，一个月后定植。

四、月季的病虫害防治

1. 黑斑病

又名褐斑病。是月季最为普遍、最主要的真菌病害。主要危害植株的叶片、嫩枝和花梗等部位。发病时叶片上出现褐色至黑色的圆形或不规则病斑，边缘红毛状，病斑周围有黄色晕圈包围。随着叶片病斑数变多变大，染病部分坏死，病叶易脱落，严重时植株成光杆。雨季和高温高湿季节为发病盛期，光照不足、通风不良、排水不畅、肥水不当，植株不壮等都能诱发该病菌的发生和蔓延。

防治方法：该病应以防为主，尽量选用抗黑斑病的品种；减少侵染来源，及时清扫落叶，摘去或剪除病枝叶并进行深埋或烧毁；加强田间管理，及时锄草，防治昆虫，改善浇水方法；合理施肥，增强树势，提高植株抗病能力；合理密植，加强植株通风透光；春天发芽时用药剂喷洒预防，用石硫合剂全面喷一次，生长季用多菌灵、百菌清、石硫合剂、代森锌、波尔多液和甲基托布津等药剂轮流使用，每7～10天喷1次。

2. 白粉病

温室和大棚中月季最常见的病害，露地栽培在多雨季节或高温多湿时也可发生，叶片、叶柄、花蕾、嫩梢等部位均可感病。嫩叶极易染病，叶片上发病初期出现褪绿黄斑，逐渐扩大，以后着生一层白色粉状物，严重时全叶披白粉层，叶片卷皱呈干枯状；花蕾感病时，披白粉霉层，花姿畸形，开花不正常或不能开花。光照弱、通风不良、浇水过量、氮肥过多该病易于发生。

防治方法：选择抗白粉病的品种，而慎用易感病品种；及时清除枯枝落叶，将病枝病叶集中烧毁；加强肥水管理，使植株健壮，提高抗病力；生长季定期喷药，杀菌剂可选用石硫合剂、粉锈宁、甲基托布津、百菌清和苯菌灵等；室内空气湿度大时要加强通风，还可用硫黄加以熏蒸。

3. 锈病

该病浸染月季的枝、叶、叶柄、花柄、芽等部位。发病部位染病时有橘黄色的孢子堆，病斑为粉末状，变成褐色。严重时叶背布满黄粉，叶片枯萎掉落。栽植密度过高、光线不足、通风不良、地势低洼、排水不畅等有利于该病的发生。

防治方法：减少浸染来源，及时摘除发病枝、病叶并集中烧毁；加强田间管理，合理施用氮、磷、钾肥，合理密植，防止土壤积水。生长季节可喷 65% 代森锌粉剂 600～800 倍液、50% 代森铵 600～800 倍液或敌锈钠 300 倍液，退菌特 800 倍液或 15% 粉锈宁，硫黄水剂 800～1 200 倍液效果好。

4. 根腐病

危害月季根部，发病植株根部变黑，皮层与木质部剥离后可见周围有白色丝状物附着，长势不旺，叶片呈嫩绿色，质薄形小，接近地面的茎部常为灰绿色。该病一般在地下水位较高，低洼处的栽植地以及土壤排水不良和多雨季节易发生此病。

防治方法：栽植时应注意选择排水良好的土地，或在地下水位较高和低洼处起高畦，以改善土壤排水透气性；多雨季节注意土壤排水和通气。

5. 霜霉病

主要危害植株中、下部新发生的枝条、叶片，感病枝叶呈灰黄色，后变为暗紫色，出现不规则水渍状斑点，2～3 天后受危害部位枝条出水变软倒伏，所以该病对切花月季危害较大。湿度过大，光照条件差易于发病。

防治方法：选择抗病力强的品种，慎用易感病的品种。加强栽培管理，通风透光，温室栽培要控制湿度，不宜过大，每半月交替喷施甲霜灵、百菌清、露克等药剂。但喷药一定要在晴朗天气，温度较高，并通风的情况下进行，以免喷药再次造成湿度增加。

6. 红蜘蛛

红蜘蛛又名叶螨，主要危害植株下部叶片，以成虫或若虫的口器刺入叶内吸取汁液，被害叶片的叶绿素受破坏，被害处出现黄白色小点，严重时叶片变褐脱落。该虫发育周期短，抗药性强。春、秋为发病高峰。

防治方法：可用生物防治法进行防治，利用天敌深点食螨瓢虫可防治。随时清除田间及周围的杂草，冬季清除枯枝落叶，以降低第二年虫口密度。虫害发生时使用 40% 三氯杀螨醇

1 000 ~ 1 500倍液进行化学防治。也可用克螨特、霜螨灵、螨蚜威、虫螨净等药剂。

7．蚜虫

蚜虫主要危害月季的新梢、新芽、嫩叶、花梗、花瓣、花蕾等。数量多时可覆盖满一层。蚜虫通过针状口器吸取汁液，并且分泌黑色油状物质，导致病毒病等发生，影响植株生长和切花的产量。

防治方法：用化学防治法进行防治，一般可选用的药剂有氧化乐果、马拉硫磷乳剂或溴氢菊酯、敌百虫、锌硫磷、鱼藤精。若是大棚可采用烟熏剂熏蒸，效果较好。

8．白粉虱

成虫、若虫吮吸植株叶等部分的汁液，叶部受害后褪绿变黄、枯萎。并且在危害时分泌大量蜜液污染叶片、枝梢，引起煤污病。

防治方法：同蚜虫。

20世纪90年代以来，国际市场月季消费量的增加，使切花月季栽培面积迅速增加，国际竞争日益加剧。同时，能源、肥料、农药等生产资料的价格上扬，使月季生产受阻。但藤本月季在我国大部分地区俏销，在河南一些月季生产大户甚至出现了断货的情况。因此，只要把握准市场脉搏，无论是切花月季的栽培还是绿化用苗的栽培，都是有较大的发展空间及广阔市场前景。

第十节　银杏

银杏树姿雄伟，冠大荫浓，叶形独特，秋叶金黄，是有名的秋色叶树，具有很高的观赏价值。并且银杏少病虫害，适应性强，耐火烧、污染和烟尘，对二氧化硫有很好的吸收作用，对于尾气排放较多的路面能起到空气净化器的作用，对改善城市"热岛效应"具有积极作用，是著名的庭荫树、行道树和园景树，世

界各地广为栽植。据了解，日本有 300 个城市，在城市绿化树种中，银杏作为主栽树种，居城市绿化树种的第一位。韩国银杏占城市绿化树的 70%，美国将银杏作行道树广泛栽植，占行道树总株数的 15%。德国和法国也将银杏作为庭院街道、行道和园林的主要树种。

一、主要观赏品种

银杏的观赏品种众多，一般根据叶形、树形观赏角度划分。我国银杏品种主要有金丝、斑叶、垂叶、窄冠、大耳等；国外有萨拉托格、圣克鲁斯、叶籽银杏、垂乳银杏、塔形银杏、展冠银杏、垂直银杏、莱顿、金秋等。

二、银杏的生物学特性

银杏是温带落叶阔叶树种，在中国的分布极为广阔；除少数几个省区（内蒙古、新疆、青海、宁夏、黑龙江、吉林、海南）外其他省区均有不同程度的栽培分布，适应性、抗逆力较强。银杏喜温、光、水、肥和通透良好的沙质壤土，而怕高温、严寒、积涝和盐碱。银杏对温度的适应范围较广，但也有一定的规律性。在温带、亚热带气候地区，年平均温度在 8 ~ 20℃ 范围内都适合银杏生长，但以 16℃ 最为适合。大多数银杏生产地区的年平均温度都在 14 ~ 18℃。银杏能忍耐 −20 ~ −18℃ 的低温，并在短期 −32℃ 的寒冷条件下也不会冻死，低温持续时间过长，则会受冻，甚至死亡。银杏在秋季落叶后至春季萌动以前，有自然休眠期。这个时期，外部形态上没有明显的生长发育现象，但仍有非常微弱的生理活动，经过一定的低温过程后，自然休眠结束并进入生长发育的年周期。

三、银杏的栽培管理

银杏是雌雄异株，观赏宜栽培雄株。栽植时应选择光照良好土层深厚、疏松肥沃、地势高、排水条件好的土地。土壤 pH 6.5~7.5，坡度在 15°以下的缓坡地或背风向阳近水位、交通方便的平地为好。种植时间春秋季均可，秋季在 9~10 月为宜。银杏采用穴栽，穴径一般是苗木胸径的 15~20 倍。穴中要施足基肥，最好是充分腐熟的有机农家肥，肥料与熟土充分拌匀后，施在栽植穴的中上部，之后放 20~30cm 的熟土，以防根系直接接触肥料而烧根。同时注意农家肥必须经堆沤、腐烂、发酵，充分腐熟后才能做基肥使用，化肥要少施。栽植苗要粗壮，根系应完整，无病虫害，树干、根系无大损伤，种前用 1：20 的石灰水浸根 3~4 分钟，再用清水冲洗并用泥浆浆根，应尽量随挖、随运、随栽、随浇、随管，若不能及时栽植应假植。银杏直径在 5cm 以下可以裸根种植，6cm 以上一般要带土坨种植。银杏宜浅栽，这与银杏根系特点与发根温度有关。栽植深度大，地温上升慢，土壤透气性下降，湿度也大，对根系伤口愈合和发新根不利。而浅栽则因地温上升快，土壤通气性好，根系愈合早，发根快。栽后埋土一定要实，填一层土，踏实一层，使苗木根系与土壤密切结合。第 1 遍透水浇完时，结合封坑，再踏实几次，以防根部透风和苗木倒伏。水透栽植后 10~15 天内，灌溉 3 遍透水，使穴内土壤和苗木根系密切结合。这样，植株根系能充分吸收水分，有利于苗木水分平衡，提高成活率。大树栽植，最好是栽前将坑中灌满水，待坑中水渗完后，将大树植入坑中夯实，让坑中的水返上来滋润根部，在大树移植时应在坑内施入一定数量的有机肥以保证苗木对养分的需要。下次浇水宜在坑边挖引水沟盛满水，让水慢慢渗透到银杏的根部。切忌大水漫灌，因为银杏的根系呼吸量大，如大水漫灌，易使根系缺氧窒息而发不出新根，根系逐渐腐烂。

1. 浇水

银杏成活后无须经常灌水，北方地区，化冻后发芽前浇一次水，5~6 月如果天气干旱，可浇一次水，因为这是银杏一年中的生长高峰期。到了秋天，8 月下旬是银杏一年中第二个生长高峰期，可浇一次水，两次灌水都可结合施肥进行。

2．施肥

施肥应掌握"勤施、薄施"的原则。在银杏根系有两个生长高峰期，即 5～7 月及 10 月中、下旬，在此期间要及时施肥。树旁开放射状沟数条，再将有机肥和表土拌匀填入沟中，如果春季施肥量较大，一年一次即可，量小则在 8 月中旬再追施一次。

3．修剪

作为观赏树，一般要及时进行适当修剪，以保持树冠美观。因其所发枝条特别乱，所以要有目的的修剪，在每年的休眠期，对枯枝、细枝、弱枝、重叠枝、直立交叉枝、横生枝和病枝要修剪处理，保持一定的树形，使银杏高大、挺拔、匀称、美观。修剪后要对剪口涂漆以防止水分散失。

四、银杏的繁殖与栽培

1．扦插繁殖

（1）硬枝扦插：适用于大面积绿化用苗的繁育。一般是在春季 3～4 月，插条选取 1～2 年生的优质枝条，剪截成 15～20 cm 长，上剪口平滑呈圆形，下剪口马耳形。剪好后清洗，切口用 100mg/L 的 ABT 生根粉浸泡 1 小时，扦插于细黄沙或疏松的苗床中。插后浇透水，保持土壤湿润，约 40 天后即可生根。成活后进行正常管理，第二年春季即可移植。

（2）嫩枝扦插：适用于家庭或园林单位少量用苗的繁育。一般在 5 月下旬至 6 月中旬，剪取尚未木质化的插条（插条长约 20 cm，留 2 片叶），插入容器后置于散射光处，每 3 天左右换 1 次水，直至长出愈伤组织，即可移植于黄沙或苗床土壤中，但在晴天的中午前后要遮阳，叶面要喷雾 2～3 次，成活后进入常规管理。

2．分株繁殖

一般用来培育砧木和绿化用苗。10～20 年生的银杏容易发生萌蘖较多。春季 2 月前后土壤化冻后，可利用分蘖进行分株繁殖。具体方法用刀将基部半边带根的萌蘖条从母株上切下，另行栽植培育，成活率高，但繁殖系数小。

3．播种繁殖

用于大面积绿化用苗或制作丛株式盆景。秋季采收种子后，去掉外种皮，将带果皮的种子晒干，当年即可冬播或在次年春播，春播必须先进行混沙层催芽。播种时，苗床要选择排水良好的地段，采用做畦或做床育苗，播种方法主要有条播和点播。条播每沟 20 粒左右，播种量每亩 100～120kg，点播株行距为 10cm × 10cm，播种后覆土踩实。幼苗当年可长至 15～25 cm 高。秋季落叶后，即可移植。但须注意的是以防积水而使幼苗近地面的部分腐烂。种子播后要注意灌排水的管理，天旱时要及时灌水，雨大时要及时排水。苗木出土后，要严禁苗木受日灼伤害，特别是在夏季高温季节，应采取遮阴措施。

五、银杏的病虫害防治

1．茎腐病

主要危害植株茎部，发病时接近地面皮层组织变褐色，叶片失绿、低垂，地下根部组织变褐色。高温是诱导茎腐病的主要原因。另外，苗圃地低洼积水，苗木生长不良容易发病。在 6～8 月天气持续炎热时发病重。

防治方法：

（1）土壤处理和苗木消毒，使用有机肥要充分腐熟。

（2）合理密植，加强田间管理，培育健壮苗木，提高苗木的抗病力。

（3）严格控制水分，防止湿度过大。

（4）冬季要严防冻害发生，发现病死苗（株）要及时拔除并集中烧毁，避免蔓延。

（5）苗圃地不要设在低洼积水处，使用足量厩肥或棉子饼作基肥，可有效降低发病率。

（6）在发病初期用50%甲基托布津1 000倍液进行防治，每隔1周喷1次，连喷2~3次。

2. 叶枯病

叶枯病多危害银杏幼、成树叶部。发病时一般从叶缘发生，后向叶片中央扩展，不规则，多为暗褐色，病健交界带淡褐色。高温多雨，土壤板结、瘠薄易诱发该病，6月初开始发病，8~9月是发病高峰期。

防治方法：

（1）合理配植树种，防止与水杉、松、茶、葡萄套种。

（2）加强肥水管理，增强树势和植株抗病力。冬季大树休眠期进行扩穴施基肥，在生长期进行3次追肥。

（3）合理修剪，改善通风透光条件。

（4）发病初期喷施40%多菌灵、百菌清可湿性粉剂500倍液，每隔7~10天喷1次，连喷2~3次，可在一定程度上控制该病的发生与流行。

3. 干枯病

危害植株茎秆。发病初期树皮出现红褐色斑，稍隆起；逐渐蔓延至整个枝梢，后期枝干枯死，密生小点瘤，感病枝叶片枯萎脱落，后期根腐烂枯死。以风、雨、昆虫与鸟类传播，7~9月为发病盛期，树势较弱者易感病。

防治方法：

（1）防止创伤，增强树势，提高抗病力。因此，应加强肥水管理、深翻改土、增施有机肥、科学修剪等。

（2）减少病菌的侵染源，清除重病植株和有病枝干并及时烧毁。

（3）对主干或枝条上的个别病斑可用利刀将染病树皮全部刮除，深达木质部，然后用10%碱水涂抹，杀死病菌。

4. 银杏疫病

主要危害银杏幼苗、新梢及茎干。植株发病时，产生水渍状灰黑色病斑，绕茎干 1 周变黑干腐，顶芽变黑枯死，叶片枯萎，叶柄变灰黑色，叶片病斑自叶缘向叶内扩展，开水烫伤状，后全枯萎变黄。6 月份是发病盛期。

防治方法：

（1）减少浸染来源，发现病株，及时剪掉病梢，并集中烧毁。

（2）4 月中下旬或发病前期，喷 1～2 次杀毒矾、瑞毒霉 500～1 000 倍液。另外，药剂中甲霜灵及甲霜灵锰锌对病原菌有很强的抑制作用，生产上利用这两种化学药剂在病害可能出现或开始出现时喷施保护，可有效控制该病害的发展。

5．银杏大蚕蛾

主要以幼虫取食叶片。1 年发生 1 代，初孵幼虫有群居习性。1～2 龄幼虫能从叶缘取食，但食量很小，4 龄后分散危害，食量渐增，5 龄后进入暴食期，可将叶片全部吃光。

防治方法：

（1）人工捕杀老熟幼虫或人工采茧烧毁，在幼虫 3 龄前摘除群集危害的叶片。

（2）8～9 月用黑光灯诱杀成虫，可大大降低下一代虫口数量。

（3）生物防治，在雌蛾产卵期，人工释放赤眼蜂防治，或用绿得保生物农药（B. T＋阿维菌素）进行喷粉。

（4）发生严重时，在低龄幼虫期喷洒 2.5% 溴氰菊酯 2 500 倍液或 90% 敌百虫 1 500～2 000 倍液。

6．绿刺蛾

食叶害虫。1 年发生 2 代，7 月中旬为第 1 代幼虫暴食期，8 月末～9 月上旬为第 2 代幼虫暴食期，以老熟幼虫在树枝上结茧越冬。

防治方法：

（1）铲除越冬茧。

（2）幼龄幼虫都为群集危害时摘除虫叶。

（3）在卵孵高峰后、幼虫分散前，选用高效、低毒农药，如用 90％晶体敌百虫或 80％敌敌畏乳油或 40％乐果乳油 1 000 倍液或 2.5％敌杀死乳油 3 000 倍液喷雾防治。

（4）将每克含孢子 100 亿以上的青虫菌粉稀释成 1 000 倍液喷雾，可使 80％以上幼虫感病，从而进行生物防治。

7. 银杏超小卷叶蛾

银杏的主要害虫，以幼虫钻入枝条危害当年新梢，造成枯枝、落叶、落果。1 年发生 1 代，该虫具有喜光特性，林缘周围比林内发生重。发生程度与温度密切，随平均温度降低，虫口密度减少。

防治方法：

（1）4 月中下旬交替前后是初孵幼虫危害银杏短枝的始盛期，也就是防治的关键时期，用 80％敌敌畏乳油 800 倍液喷洒被害枝。

（2）成虫羽化盛期前用 2.5％溴氰菊酯 2 500 倍液进行防治。

在我国传统的银杏生产多为叶用、果用。近些年，我国北京、大连、丹东、泰州、邳州、随州城市等将银杏作为行道树栽植。而我国可以用银杏作为绿化树种的县市超过 2000 个，以平均每县市种 5 万株计，需银杏绿化大苗 1 亿株。培育银杏大苗供给绿化、美化城乡，优于单一的采果园。此外银杏还适做盆景，古树树干上的乳根，也是别致的盆景素材，市场发展前景广阔。

（成仿云　杜秀娟）

第五章　观赏栽培
无土工艺与管理

第一节　观赏型无土栽培主要设施

　　近几年来，中国农业科学院的科研人员针对观赏工艺栽培的特殊性，研究推出了一系列新型栽培模式和配套设施，这些模式和栽培设施按照园林艺术的设计理念进行布局和建造，使栽培设施和作物生长态势更具有个性化特色。同时，充分融合文化、艺术、科技的内涵到作物生长系统中，使作物栽培集中体现生产、生态、观赏、科普等功能于一体，大大提高了工艺农业的品位影响。

一、蔬菜树栽培设施

　　蔬菜树栽培主要追求单株营养体的巨型化、生命周期的后延和结果数量的最大化，最终实现蔬菜的单株超高产目标。

　　通过创造蔬菜作物生长发育的最佳环境条件，为蔬菜个体生长提供无限生长空间；通过采用无土栽培技术，提供最适宜的根际环境和水肥条件，使蔬菜个体的生长发育和生理潜能得到最大程度的发挥；通过环境调控、营养调控、植株生理调控和农艺技术的综合协同作用，延长蔬菜作物的生命周期，提高结果能力，实现周年或多年生长，从而提高蔬菜的单株产量。

　　蔬菜树栽培设施的设计和制作要根据品种的生长潜力和培养的目标来确定。根据现有经验，番茄、南瓜、冬瓜、丝瓜、蛇瓜、瓠子、黄瓜、甜瓜、甘薯等品种，培育巨型化植株的潜力很大，生长速度也比较快，植株生长 5 ~ 6 个月的冠幅就能达到 30m² 以上，生长一年可以达到 60 ~ 100m² 不等。茄子、辣椒、甜椒、西瓜等品种植株大型化的潜力相对要小些，生长速度也比较慢，一般生长一年可以达到 20 ~ 40m²。单株结果量和单株产量因不同品种相差很大，番茄单株产量一年可达 600 ~ 1000kg；丝瓜、南瓜、冬瓜、瓠子、黄瓜、甘薯等 300 ~ 500kg；茄子、辣椒等 50 ~ 150kg。应当根据品种的生长潜力和品种的特性设计栽培设施和攀爬支架。

1. 蔬菜树栽培容器

蔬菜树的栽培容器是设施选择的关键，株型生长潜力大的品种，单株根系所需的栽培容器容积要达到 1.0 ~ 1.5m³，甚至更大，株型小的品种在 0.8 ~ 1.2 m³ 之间即可。栽培容器可以根据品种和观赏的需要设计成不同的风格，形状可以是圆形、正方形、长方形、多边形等，材质可以是木质、塑料、玻璃钢、水泥、陶瓷等多种，容器外形和表面还可以根据各自的审美观进行艺术化装饰。容器的高矮根据品种和栽培类型来定，采用基质栽培时，对于浅根系作物（黄瓜）和植株木质化程度高（茄子、椒类）的品种，栽培容器要浅一些，深度 35 ~ 45cm 即可。对于多数蔓生瓜果蔬菜，栽培容器的深度可以设在 50 ~ 70cm 之间。采用水培时栽培容器的深度应控制在 30 ~ 50cm 之间，要尽可能扩大容器表面积，使营养液与空气接触面增大，提高自然溶氧量，便于根系生长。

在制作栽培容器时不仅要考虑其保温隔热性能、防渗性能、给排液系统和增氧设施的配置，而且还要注意栽培容器的覆盖和密封性。如果容器材质本身无法实现保温隔热性，可以在内侧另加保温隔热层，如衬垫聚苯板、保温棉、岩棉、珍珠岩等。防渗可以通过铺设塑料布来解决。

基质栽培容器一般需要在侧立面近底部或在底面上预留一个排液口，排液口的大小直径一般为 50mm，用同径 PVC 管连接。

排液口的高度应高出容器底部 10mm 左右，能积存少量水分为好。进液口一般设在栽培容器侧立面的顶部或离侧立面顶部 5cm 处，进液口直径为 20～25mm，可采用 PVC 管或 PE 管做供液管。栽培容器的基质表面一般应设覆盖材料，冬、春季为了利于蔬菜树根际环境的升温，可以用透明塑料地膜覆盖，夏、秋季节应采用高密度聚苯板覆盖隔热。如果冬季需要采取根部加温措施，也应该覆盖聚苯板，以提高保温性能。

水耕栽培的容器可以在底部设一个排液口，直径 30～50mm，用同口径的 PVC 管连接，并在容器外侧设控制阀。排液口一般不常用，需要换液或换茬清理时，才打开外侧的控制阀排除栽培容器中的废液。平时营养液循环和保持液位是采取虹吸原理实现的，在栽培容器一侧做一个虹吸装置和液位控制装置，并与回液管相连。水耕栽培容器的盖板用厚度 2.5～3cm 的高密度聚苯板覆盖，或采用具有较高强度的硬质板材与保温隔热材料复合而成。每个栽培容器的盖板分设对半两片，在中央部位开设一个直径 15～20cm 的定植孔，作物定植后用一块约 30cm 见方的干净海绵剪一个豁口卡在根际周围，盖住定植孔，在盖板上覆盖一层地膜或黑白双面薄膜，确保盖板的密封性。

2. 营养液供给与循环系统

基质栽培一般只设供液管路和排液系统，营养液不循环利用。设废液回收系统，把所有栽培容器排出的废液统一回收到一个废液池中，供别的作物灌溉或施肥使用，以减少水肥浪费和减轻地下水的污染。供液管路按该品种栽培的棵数或布局来定，一般一种蔬菜品种设一个供液系统，如同样都是基质栽培不同的番茄品种可以设一个系统，即一个储液池供给若干棵番茄，以一个系统供给的最大面积来确定储液池大小，一般 400～600m^2 的栽培面积（可栽培 6～10 棵番茄树）需要 4～5 m^3 的储液池。储液池应设在地面以下，不占用温室内的栽培空间，储液池的操作口应高出地面 10cm 左右，内径一般为 60cm 左右，便于人进出清洗和方便配液操作，并加盖保护。

用自吸泵或潜水泵供液，一般选用流量 10～15 m^3/h、扬程 10～15m、出水口径 32～40mm 的泵即可。用直径 32～40mm 的 PVC 管或 PE 管及配套管件作为供液主管，在储液池旁边设一个管路控制阀操作井，把水泵出水管分成三路，分别是供液、搅拌和排液，由三个控制阀（球阀或电磁阀）来实现控制。在供液管控制阀的后端应增设一个 80～120 目的管道过滤器。供液管分流到每个栽培容器的支管一般用直径 16～20mm 的同种管材，在栽培容器旁边设一个控制阀，实现流量控制和供液控制。在基质表面由里而外呈盘旋状平铺滴灌管，间距 10～15cm。或按 30cm 间距平行铺设直径 16mm 的供液支管，在支管上每隔 10～15cm 钻一小孔，插内径 0.9～1.2mm 的发丝管，进行均匀滴灌。

供液时间、间隔时间、供液量要根据基质保水性、季节、品种、植株大小、天气状况来调节，每次供液要达到有少量（5%～10%）废液经排液口排出为好，以确保基质含水均匀、浓度适宜。

水耕栽培营养液采取循环利用，间隔一定时间要更换。从降低栽培风险考虑，一个供液系统供给的棵数不宜太多，以 1～3 棵为一个供液系统为好，如系统供给的棵数太多，一旦有植株染病，就会迅速蔓延到整个系统，由于蔬菜树生长周期长，经历周年的气候变化，难免会有病害发生。因此，为避免和减轻因营养液污染造成植株感染而死亡的风险，一个水培蔬菜树的供液系统所供给的棵数越少越好。采取大储液池与小循环池相结合的办法来实现，即营养液配置可以在大池中进行，分供到每个小池中，每个小池子中设一个微型潜水泵，负责局部 1～3 棵蔬菜树的循环供液。

供液主管、支管与基质栽培基本一样，只是进入栽培容器后沿容器四周布置支管，并在支管上直接钻直径 3～5mm 的出水口即可，让营养液从四周均匀流出，要避免水的冲力过大而使根系扭结在一起。回液采取虹吸原理，控制液位装置设在栽培容器外侧，以便于调控液位。

水耕栽培的循环供液以定时控制为好，有利于保持液位的稳定。前期植株冠幅小，供液次数可以少一些，当植株冠幅达到 $20m^2$ 以上时，供液时间和次数、供液量应达到每天能将栽培容器中的液体能全部更新一次为宜。

3. 蔬菜树攀爬支架

蔬菜树生长高大，但一般都受温室高度制约，为方便植株的整枝修剪和采摘管理，一般注重植株的横向发展，以扩大植株冠幅面积为目标。要根据温室高度来确定支架的高度，温室天沟高度在300cm左右时，支架高度应控制在220～230cm，温室天沟高度在400cm或更高时，可以将支架高度相应提高，但要考虑便于植株整枝、授粉、采摘等作业。

攀爬支架大都做成平面式，大面积栽培时可采用高度一致的连片平面，这样有利于植株管理。但也可根据品种和观赏的需要制作不同造型的支架，并实行单株分体布置，如制成"喇叭口状"、"平面圆形"、"平面梅花形"等，这样可以提高植株的观赏性，但管理作业的难度会加大。

支架材料可以用钢架结构加钢丝网、绳网制作，也可用小的竹木质材编制而成。主骨架60～200cm见方，小网格以18～22cm见方为宜，每平方米承载植物枝叶和果实的最大负重按20kg设计。主体骨架可以依附于温室立柱上，或悬挂于温室横梁上，如果温室难以承载负荷，应考虑另立支柱支撑。

二、立体栽培设施

立体无土栽培方法多种多样，本书前面章节也有涉及，主要用于一年生低矮花草蔬菜的栽培，现已应用的主要栽培模式有"墙面立体无土栽培"、"立柱式无土栽培"、"管道式立体水耕栽培"等。采用立体无土栽培技术，可以使矮生蔬菜和花草实现立体多层栽培，有利于提高温室空间光、温资源的利用率，提高单位面积的产量，增添观光农业园区的立体景观效果。

（一）墙面立体无土栽培的设施结构

墙面无土栽培设施主要由"栽培墙主体"与"营养液循环供液系统"两部分组成。

1. 栽培墙体设施结构

栽培墙体是由两层高密度聚苯板内夹松软的海绵或岩绵及无纺布组成。

立体栽培墙有两种应用范式，一是附着在建筑物表面的单面栽培墙；另一种是由内撑硬质骨架自立成墙的双面栽培墙。

附着在建筑物表面时，里层聚苯板就起隔离保护建筑物墙体不受水肥影响的作用，外层聚苯板上设有倾斜向上的"插植孔"。

双面栽培墙的聚苯板两面都带有插植孔，两片聚苯板之间增设了支撑墙体的硬质不锈钢或镀锌钢骨架，其外径与海绵体厚度相同，骨架的间距在 80～100cm 之间。聚苯板要求阻燃和高密度（每立方米为 28～32kg），以确保能支撑栽培作物的重量和保证栽培墙的寿命。聚苯板自重轻，安装方便，保温隔热性能好，能保持根部温、湿度的相对稳定，有利于根系生长。

2. 立体栽培墙的安装

在建筑物垂直面安装时，可先在建筑物表面钻孔埋设固定立体栽培墙的膨胀螺栓，纵向间隔 30～40cm 埋设一个，横向按每一单块聚苯板的宽度（一般在 40～50cm）来设定，螺栓露出墙面的长度要大于栽培墙体的厚度 8～10mm 之间。

对于独立的双面栽培墙，需设镀锌钢管或硬质塑料管作为墙体内的支撑骨架。应先焊制骨架和安装回液系统，再在骨架的框格内铺设海绵和无纺布，最后将聚苯板夹在无纺布外侧，在聚苯板上按 40～50cm 见方钻孔，插入螺栓、垫片并用螺母固定，螺栓直径一般在 5～6mm 即可，固定聚苯板必须衬垫硬质塑料垫片或镀锌垫片（直径 35~40mm、厚度 2~3mm），以保护聚苯板不受损伤，特别要注意的问题是：

第一，根系生长的载体。两层聚苯板之间设有海绵或岩棉，海绵必须是吸水性好、透气性好、发泡孔隙较大的松软海绵，如用岩棉则最好选用专用的农用岩棉。在岩棉和海绵外用 $60~80g/m^2$ 的吸水性好的无纺布包裹，无纺布起扩展水肥和保护海绵、岩棉的作用。海绵和岩棉体主要起保湿、疏松、透气作用，是根系伸展和吸收水肥的载体，海绵和岩棉厚度为 2~3cm。

第二，插植孔与定植杯。墙板上设有孔径 50~75mm，呈 35°倾斜向上的插植孔，孔距按栽培作物种类而定，一般横向间距 20~25cm，纵向间距 30~32cm，上下两行插植孔交错排列，行距为 15~16cm。插植孔的直径与定植杯的直径应是一致的，目前采用的主要是直径 50mm 的 PVC 管截制而成，如果种植较大型植物，也必须相应增大定植杯和插植孔的孔径，并适当增厚聚苯板和拉大孔距。

3. 营养液循环供液系统

在近地面建筑物上布设栽培墙时，营养液池以设在地下为宜；如果栽培墙体离开地面较高时，也可以在地面上砌营养液池或直接选用大型储液罐，置于室内阴凉处，以避免阳光直射。为了确保储液池温度的相对稳定，一般以设在地下为好，只需储液池的操作口露出地面 10cm 左右即可。营养液池容积大小按栽培面积来定，一般每百平米的栽培墙体设 3~4m³ 的储液池就可。在砌制储液池时，池底要略成"锅底形"，并预留"泵坑"。池壁要预留供液管口和回液管口，回液管口一般设在地面以下 20~30cm 处，供液管口设在地面 5~10cm 处。储液池需做防水处理，以免内漏外渗，如果需要建在地面以上时，应做好保温隔热处理。

供液管可选用黑色 PE 塑料管或 PVC 管和相应配套管件，潜水泵与主管连接一般用螺纹管或软塑料管来实现，在供液主管上设三个分支控制阀，分别担负控制供液、搅拌和排液功能，在供液管控制阀后设 80～120 目的管道过滤器，用于过滤营养液中的杂质。供液主管根据栽培墙的长度和分区需要，设分区流量控制阀。供液主管与栽培墙上方布设的供液支管连接，根据单元栽培墙的长度来决定支管的粗细，单元供液长度 3～5m 时宜选用直径 d 16mm 的供液支管；5～10m 时选用直径 d 20mm 的供液支管；10～20m 时选用直径 d 25mm 的供液支管；20～30m 时选用直径 d 32mm 的供液支管；供液主管一般用直径 d 25～50mm 之间的管子。从主管分流到支管时必须设控制阀，以便于调控每个供液单元的流量。在供液支管上钻直径 d 2.5～3mm 的发丝管孔（发丝管内径为 0.9～1.2mm），按 15～20cm 间距插入发丝管。发丝管的长短，一般离营养液池近处设长一些、远处设短些，每间隔 1m，发丝管缩短 1cm 左右，通过剪截发丝管的长短来调节远近供液量的均匀度。潜水泵应选择耐腐耐用的单相或三相潜水泵，泵的功率大小，流量大小，扬程高低依据栽培面积来定。泵的起动由定时器控制，一般每次工作 10～15 分钟，停 2～4 小时，根据光照强弱、温湿度高低及作物长势来设定供液和间隔的时间。

回液管路由集液槽和地下管道组成，集液槽位于栽培"墙"主体下方，槽内宽与栽培墙厚度一致或略宽一点，每 3～5m 的集液槽底设一个直径 d50mm 的回液口连接到地下回液管。集液槽可在地面直接用砖、水泥砌制，也可选用塑料槽或金属材料的槽体加工而成。回液管用直径 d50～110mm 的 PVC 管配装而成。回液槽及回液管的安装应有一定的斜度，以便于营养液回流畅通。

（二）立柱式无土栽培设施

立柱式无土栽培设施主要由栽培柱主体设施部分、栽培柱固定设施、营养液循环供液系统三部分组成。

1. 栽培柱主体设施

栽培柱是由若干个栽培钵串叠而成，栽培钵由高密度聚苯材料热模压制而成，每个栽培钵外有 4～6 个插植孔，插植孔和插植杯的直径、倾斜度与墙体栽培设施相同。栽培钵中间有可以实现串叠的连接孔，孔径 50mm。

栽培钵内先衬垫无纺布，再灌注透气性好、颗粒及结构稳定性好的基质，如珍珠岩、蛭石、小陶粒、海绵、岩棉等。灌注好基质后才能串叠使用。

2. 栽培柱固定设施

一般大面积规则化布置立柱栽培设施时，固定比较容易，只要栽培钵串叠时中间插入一根直径为 50mm 的硬质 PVC 管，将栽培柱竖立在平面水培槽内，在立柱上方用 12～14 号铁丝纵横交叉拉成网格，网格的交叉点位于立柱顶端，将柱芯硬质 PVC 管直接绑缚在网格上，立柱下部用聚苯板按照立柱钵的外径开圆孔，将立柱下部固定在平面水培槽的盖板上。

观光栽培有时将立体栽培柱随机布置在微地形上或独立固定成一个景观区，这时就需要另外设固定设施，在栽培柱底部需要用水泥预制集液、回液和稳定柱基的水泥盆，并在水泥盆中预制一个串叠固定立柱钵的"柱芯管孔"，或口径与立柱钵相同的瓷花盆。将立柱的稳定性完全依附于这个水泥盆或花盆基座上，按照立柱平面布局的需要埋设到预定位置，并把回液口与回液管路连接固定。

3. 营养液循环供液系统

立柱栽培可以独立设循环供液系统，也可以与墙体栽培、平面水培结合在一起。如果是观赏需要将立柱栽培布置在微地形上，其回液管路就是一个较为复杂的地下管网。如果与平面水耕栽培结合，平面水培槽就成了集液槽，可以大大简化地下回液管路。

立柱栽培的供液管路设置方法和对管材规格的要求基本与墙面立体栽培相同，把供液支管顺着立柱行向布设在立柱上方，每个立柱设 4～5 根发丝管。将发丝管均匀分布在顶端栽培钵的四周，营养液流经栽培钵，一层层地湿润基质，最后经平面水培槽或地下管路，流回到储液池中。

（三）管道式立体水耕栽培设施

利用白色、兰色或灰色 PVC 管及配套管件制作成的管道式水耕栽培设施，具有简单、灵活、实用和取材方便的优点，可以制作出多种造型的立体栽培系统。

一般采用直径 50～110mm 的 PVC 管或特制的（80～120）mm×（60～80）mm 的 PVC 方管，制成长度 1～4m 的栽培管，在栽培管上按 12～20cm 的孔距钻直径 3～5cm 的定植孔。栽培管的两端用堵头或变径接头封闭，并分别设进液口和回液口。回液口高度一般按栽培管径的三分之二设置，回液管直径 20～50mm，进液管直径 20～25mm。

栽培管可以装配成立体墙式、平面床式、空中廊架式、几何图形式、迷宫式等多种形式。对于高低错落布置的栽培模式，可以通过上下管的液位差实现自流循环供液，只要把营养液输送到最高栽培管的一端即可。对于平面床式和空中廊架式管道栽培则应采取并联的方式进行供液和回液。栽培管可以根据栽培操作需要进行移动，以便于采收、清洗和定植作业。

营养液循环系统所需的储液池、回液管路、供液管路的规格、安装要求与上述立体栽培模式基本类似，只是在供液端应设流量调控阀，以确保整个栽培系统的供液均匀。

（四）立体组合式栽培架

根据景观需要采用钢筋结构、竹木结构、藤编工艺制作成各种具有艺术造型的支架或托架，在架上布置盆栽的各种彩色蔬菜、花卉、草莓等矮生园艺作物，并通过发丝滴灌实现自动浇水、供液作业。

第二节　葫芦类无土栽培技术

葫芦类的品种比较多，做观光栽培可广泛收集各地野生品种、栽培品种以及观赏品种。品种选择不必追求一个品种在产量和食用品质方面的优势，而在于其观赏性的体现，不同品种的果实形状都具有不同的观赏价值，在品种搭配时一般都追求品种的多样化，造就一个葫芦大观园景观。

不同的葫芦品种适应环境的能力有所不同，大多数品种都能在温室环境中生长，部分品种在露天高温干燥环境下生长不良，容易引起病毒病，多年连作栽培，根际病害会加重，所以观光栽培需要每年进行局部换土或采用无土栽培。温室观光栽培没有季节限制，为了实现周年观光，必须采用基质无土栽培，最好采用单株容器栽培，以便有效避免根际病害的发生和蔓延。

一、品种收集

可以收集各地的栽培品种、地方品种及观赏品种，如长瓠子、圆瓠子、短瓠子、长柄锤、鹤首葫芦、天鹅葫芦、大葫芦、大腰葫芦、小腰葫芦、小兵丹、苹果葫芦等。

二、茬口安排

葫芦作为观赏栽培的茬口不同于常规生产，要根据观赏的季节需要进行茬口安排，如果为了"五一"和"十一"两个黄金周前后的观光效果时，播种时间选择在每年的 12 月～1 月和 7 月中下旬。如果要实现周年观光时，就要根据品种的生长特性安排播种时间。不同品种观光栽培的生育期在 6～12 个月不等，如生理调控得当和病虫害防治及时，其生育期还可以进一步延长，部分品种可以达到两年。为确保周年观光效果，应考虑分批播种，在容器中培育大苗，根据需要随时换茬定植。如果采取大容器基质无土栽培时，可在拉秧前 50～70 天播种育苗，直接培育到株高 150cm 以上的大苗时定植，在较短的时间内就能达到理想的观光效果。

三、播种育苗

葫芦类种子种皮稍厚，但吸水能力较强，在 25～28℃ 的温度下浸种 6～8 小时，种子就能吸足水分。为了预防种子带菌而引起苗期病害，浸泡种子前可用水温在 55～60℃ 温汤烫种 10 分钟，然后搓除种子表面杂物，放在 28～30℃ 的条件下催芽，大约 2～3 天就能发芽露白。发现种子露白就应及时取出在常温环境中适应 2～3 小时，如不能及时播种要在 10～12℃ 条件下湿润保存，以免胚根生长太长而引起折断。夏秋季节播种只需温汤消毒后即可直接播种。

播种用的基质应保证无病菌和虫卵，尽可能用新基质播种。培育小苗可以单独用蛭石或炭化稻壳（砻糠灰）做基质，也可采用栽培的基质配方。栽培的基质配比：北方一般可按草炭＋蛭石＋珍珠岩＝3:4～5:2～3；南方可按碳化稻壳或蛭石或珍珠岩＋椰糠或发酵锯末＝4～6:2～3。冬、春季节温度低、光照弱，为了降低育苗过程中补光和加温的成本，可以通过多次分苗的办法来育苗。先将种子播在平底育苗盘或 72 孔的穴盘中，待秧苗子叶呈现真叶，叶片将要互相拥挤时即应分苗移植，移植到直径 10～15cm 的营养钵中培育。夏、秋高温季节育苗可以将种子直接点播到直径 10～15cm 的营养钵中。将配制好的基质装入育苗盘或营养钵，将浸过种或催出芽的种子点播到基质中，覆盖基质 1.5～2cm，种子出苗前应保持基质潮湿，苗床温度保持 25～30℃。出苗后苗床基质温度控制在 18～22℃，白天气温控制在 24～30℃，夜温 15～18℃。夏、秋季节育苗要注意降温和适当遮阳，夜间温度也要尽可能降到 22℃ 以下，苗床空气相对湿度应达到 50%～75%，光照要充足，除了夏季降温需要在晴天中午前后适当遮阳，其他季节和时间段都不要遮阳，在冬季和早春季节育苗时还应适当补光，增加光照强度和延长光照时间，把光照时间延长到 12～14 小时，苗床光照强度应达到 10 000Lx 以上，以确保秧苗素质。

如需要培养高度达 1.5m 以上的大苗时，在秧苗具 4～7 片真叶，也就是刚"吐须伸蔓"时，可以再次移植到直径 35～40cm 的大号塑料营养钵或容积相当的塑料花盆、陶瓷盆、泡沫箱中，按一定的行株距（100cm×40cm）布置在专门培育大苗的温室环境中。

基质育苗一般直接浇营养液，也可在基质中拌入适量的优质有机肥。苗期根部营养调控：冬春季节 EC 值应控制在 2.2～2.4mS/cm 之间，夏秋季节 EC 值为 1.8～2.0mS/cm，夏季浇水必须浇透，并根据苗的大小和天气调节浇水次数和浇水量；冬、春季节保持基质湿润即可，要控制浇水量，避免沤根。一般基质育苗不能用控制浇水的方法来控制徒长，可以适当提高根部基质中的 EC 值来抑制徒长，控水过度会伤害根系。培育大苗时育苗的空间要准备充分，要把容器按一定的株行距布置好。为便于管理，秧苗伸蔓后要吊绳牵引，并进行整枝和剪除早期花蕾，同时要避免密度太大而引起徒长和发生病害。

四、栽培设施和支架造型

葫芦观赏栽培要根据栽培环境和景观需要来确定栽培方式和密度，并依据支架造型、高矮、面积大小确定定植棵数、整枝方法，确定结果期和坐果数量。

一般露天栽培应采用大槽（宽 50～60cm、深 25～30cm）基质栽培或大容器基质栽培，单株占有的基质体积根据品种不同在 15～30L 不等，株距可以掌握在 60～100cm 之间。栽培容器表面要用白色塑料膜或保温隔热材料覆盖保湿，防止风吹雨淋和暴晒，采用滴灌或渗灌浇水施肥。

温室内栽培采用基质槽培（宽度 40~50cm、深 20~25cm）或单株容器基质栽培，单株占有基质 12~20L，定植株距 50~80cm，采用发丝滴灌或渗灌法浇水施肥。

葫芦的栽培支架一般均采用竹木结构，观光栽培比较注重支架的艺术造型，可以做成门、廊、亭、屋和各种艺术造型的葫芦架，一般立面可以让葫芦秧沿竹竿绑缚攀爬而上，斜面和平面可以通过编制的网格让葫芦藤蔓自行攀缘。

五、定植与栽培管理

早春露天定植要先进行炼苗，让秧苗适应外界的昼夜气温、湿度的变化。温室栽培只要条件相近，可以不必炼苗。一般小苗定植搬运方便，对枝叶损伤少，但对根系损伤较大。容器大苗直接移植（移位）不伤根，但容易损伤枝叶，搬运前要适当控制浇水，而且最好在植株含水少的晴天下午移植，原因是此时枝蔓叶片含水少、韧性好，不易损伤。要根据支架的高度、面积确定定植棵数和密度，一般观光栽培小果型葫芦单株攀爬面积可以控制在 2~5m^2，大果型葫芦品种单株攀爬面积可以达到 4~10m^2，甚至更大。根据不同的支架造型采取不同的整枝方法，高度在 2m 以上的葫芦长廊和葫芦架在前期一般实行单蔓整枝，主蔓上架后开始选留侧蔓，侧蔓的选留要根据可攀爬的面积来定，一般保留 1~3 个侧蔓即可。如果支架是从地面直接倾斜或需要从地面显现景观的，就需要从离地面 30cm 以上开始选留侧蔓和结果孙蔓。不同高度和不同造型的葫芦支架，留果节位是不同的，要根据观赏的需要灵活掌握留果节位。留果前植株要达到一定的叶面积，要根据植株长势和需攀爬的面积来协调营养生长和生殖生长的平衡，要达到边结果边生长，不能放任结果而导致植株衰老，也不能放任生长引起分支过多，枝叶茂密而不能正常坐果。

葫芦是以子蔓、孙蔓结果的瓜类，一般都是在子蔓和孙蔓的第一片叶腋间产生雌花，第二片叶后又产生雄花。所以，要在子、孙蔓雌花节位后再保留一片叶进行摘心。雌花开放的当天傍晚或清晨要进行人工授粉，以促进坐果。当葫芦架上的叶面积达到一定覆盖率，坐果量达到理想状态时要开始控制孙蔓的发生，应及时摘除孙蔓，一般不打主蔓和主要子蔓的生长点，让其继续生长，保证支架上叶片能得到不断更新，维持良好的绿色景观效果。

葫芦定植初期要适当控制浇水量，避免基质含水量太高而不利于根系发育，进入营养生长阶段，要保证充足的水肥供应，以快速建成强壮株势。进入开花结果阶段时，要适当控制水肥，暂时抑制营养生长，使植株转入生殖生长，促进顺利开花结果。挂果后果实进入膨大阶段可以恢复水肥供应，果实膨大会消耗大量养分，要加大肥水，除正常供应营养液外（冬季 EC 值 2.4 ~ 2.6mS/cm，夏季 1.8 ~ 2.0mS/cm）可以每隔一段时间追施适量腐熟鸡粪、饼肥等农杂肥，但要注意检测根际周围基质中的 EC 值，夏季不能高于 2.8mS/cm，冬季不能高于 3.2mS/cm。过高浓度会抑制植株水肥吸收，导致根系发育不良，使植株提前衰老。

当枝叶完全布满架，达到一定结瓜数量时，叶片开始老化，遇到连续阴雨天气，光照不足时应该进行叶面追肥，喷含微量元素的叶面肥或含有机腐殖酸类的叶面肥，延长叶片功能寿命。

葫芦生长的适宜温度在 15 ~ 30℃ 之间，高于 35℃ 或低于 12℃ 对其生长不利，由于葫芦的叶片宽大，对水分需求迫切，对空气湿度要求也较高，一般温室栽培可以保证其湿度要求，露天栽培应考虑在支架上方布设喷淋设施，在高温干燥季节定时给叶面喷雾，降低叶面温度，减少植株水分损失。

温室栽培的温度控制，夏秋季节白天应控制在 28 ~ 32℃ 之间，夜间 20 ~ 24℃；冬、春季节白天应控制在 22 ~ 28℃，夜间控制在 12 ~ 18℃，温差以 8 ~ 10℃ 为好。一般上午从太阳出来后温度快速升高，到上午 10：00 ~ 12：00 达到一天最高温度，午后慢慢降下来，到傍晚时接近夜间的温度指标，到凌晨降到一天的最

低温度。要根据天气变化和光照强度来调节温度，阴天昼夜温度趋低管理，晴天可以趋高管理，以保证光合产物的积累和顺利运输，减少呼吸消耗。冬、春季节光照不足对正处于生长旺盛阶段和结果阶段的葫芦是极为不利的，光照弱不仅引起化瓜，还会引起植株瘦弱徒长和下部叶片的枯黄脱落。因此，为了确保葫芦正常生长和开花结果，除了保证温度外，要设法增强光照和加强通风换气，补充二氧化碳气肥，除了要注意保持温室覆盖材料的高透光率，还要采取补光措施，用 400～600W 植物专用钠灯照射，使植株叶面感受 5000～8000Lx 的光照强度。

结果数量的控制：葫芦观赏栽培是为了获得充分成熟的葫芦果实，由于果实成熟并形成种子要消耗大量养分，并会促进植株的衰老。因此，要严格控制坐果数量，在保证良好的环境指标和充足水肥的条件下，要协调好营养生长与生殖生长的平衡，确保在果实膨大过程中植株的主蔓和主要侧蔓仍能生长。如果出现生长停止或生长点退化，则说明坐果过多、植株负担太重，应适当疏果，已经充分老熟的葫芦果实要将其剪断果柄原地吊挂或收获，以减轻植株负担，促进生长势的恢复。

六、病虫害防治

葫芦的病害主要有白粉病、蔓枯病、灰霉病、病毒病和茎枯病等。其中白粉病和病毒病一般是在空气干燥或环境变化剧烈的情况下容易发生。蔓枯病、灰霉病是在低温高湿的环境条件下发生。茎枯病主要是基质含水量高和植株长势弱的情况下容易发生。要针对不同病害采取相应的环境调控措施，提高植株抗性，抑制病原菌的入侵和传播。必要时采取药剂防治，白粉病可以用福星、粉锈宁、世高等药剂防治。灰霉病可以用速克灵、多霉灵、施乐等防治。茎枯病防治主要是做好基质的更换和消毒工作，发现病斑要及时刮除感病部，并涂布百菌清或甲基托布津药液保护。

虫害主要是白粉虱、夜蛾类，可以通过设防虫网和温室内吊挂黄板、杀虫灯等诱捕害虫，结合药剂防治选用吡虫啉、扑虱灵、氯氢菊酯、菜虫一次净等进行喷治。

病虫害重在预防，即使没有发生严重病虫害时，也应该每隔10～15天预防喷药一次，并加强温室环境调控、植株营养调控和生理调控，促进植株健康生长，同时要规范员工的作业习惯，搞好环境卫生，避免人为传播病虫害。

第三节　观赏南瓜无土栽培技术

南瓜的品种资源极为丰富，可分为食用南瓜、药用南瓜、子用南瓜、饲料南瓜等，国内外人工栽培的南瓜品种有几千个，国内优良地方品种就有200个以上。最近几年，人们把一些果型小、形状与颜色奇特的品种单独分离出，作为观赏南瓜品种进行选育和开发。

作为观光栽培，不论什么类型的南瓜品种，都可收集引进栽培。不同品种的果型、大小、颜色都不一样，都具有可观赏性。因此，在安排观光栽培布局时，可根据栽培面积、设施条件选择南瓜品种。如以南瓜为主要观光栽培品种时就要追求品种多而全，每个品种可根据其生长势、果实大小、结果数量确定栽培面积和栽培方式。

巨型南瓜（单瓜重50～100kg甚至更大）：以追求单瓜重为观赏和培养目标，要留足单株生长的面积（30～50m²），植株生长的叶面积不足25m²，难以结出大瓜，每株只能选留1个正在膨大的瓜。

大型南瓜（单瓜重15～50kg）：追求瓜重兼顾结瓜数，单株生长面积应达到20～30m²，单株结瓜数1～3个。

中型南瓜（单瓜重5～15 kg）：追求果实大小均等和结瓜数量为目标，单株面积可在15～25m²之间，单株结瓜5～10个不等。

小型南瓜（单瓜重 0.5～5kg）：追求单株果实数量和果实大小均匀并重，单株面积 5～20m² 之间，单株结瓜 5～20 个不等。

微型南瓜（单瓜重 50～500g）：追求单株结瓜数和"微型化"为目标，单株生长面积 2～10m²，单株结瓜 3～20 个不等。

一般巨型和大型南瓜的植株长势比较旺盛、结果大，需要根系活动的范围和空间也比较大，单株根系生长空间应达到 500～1200L，可以采用单株大容器或大槽基质栽培。

中、小型南瓜单株根系生长空间应达到 30～500 L，采用单株容器栽培或槽式基质栽培。

微型南瓜单株根系生长空间应能达到 15～100 L，单株容器栽培或槽式基质栽培。

一、品种介绍

1. 巨型南瓜

主要来源于欧美地区，颜色一般为白色或橙黄色，单瓜重一般都能达到 100kg 以上，栽培措施得当单瓜重可达 200kg 以上，一般作为饲料或药用南瓜开发，国内目前作为观赏栽培。

2. 大型南瓜

国内个别地方品种和台湾引进品种，颜色一般为白色或红色，单瓜重一般能达到 50kg 以上，大瓜能达到 100kg 以上，食用和观赏、药用开发并举。

3. 中小型南瓜

品种最多，国内多数地方品种属于此类，以栽培食用的品种为主。如密本南瓜、黄狼南瓜、黑大棒南瓜、黑子南瓜、香炉南瓜、金丝搅瓜、笋瓜等。

4. 微型南瓜

大部分为观赏品种，部分为食用栽培品种，品种也很丰富。如吐珠、佛手、麦克风、鸳鸯梨、瓜皮、白蛋、金童、雄宝贝、京红栗、吉祥等。

二、茬口安排

南瓜观光栽培的茬口安排基本与葫芦相同，但巨型南瓜的茬口安排比较有讲究，要把瓜的膨大周期安排在本地区一年中光照最佳、温差较大、温、湿度最适宜的季节。在坐瓜前植株的叶面积要达到20m²以上，要具有三个强壮分枝，以此向前推确定播种时间，一般华北地区巨型南瓜膨大的季节最好在每年的3～6月份和9～10月，南方地区则是每年秋季的9～11月，春、夏季节由于雨水多、光照少、温差小而不利于长成大瓜。总的来说，北方容易种出大瓜，而且瓜的保存期也更长。

南瓜观光栽培同样要避免重茬而带来的病害，可以通过更换基质或单株容器栽培和基质熏蒸消毒来实现。为保持温室持续稳定的景观效果，倒茬、换茬时可考虑局部错开进行，不要一次性换茬面太大，以免影响整体观光效果。

三、播种育苗

南瓜的种子吸水性好，可以用55～60℃的温水烫种10～15分钟，然后除去种子表面的杂物，在25～28℃的温度下浸种8～10小时，而后在25～30℃的条件下催芽，一般经24小时左右可以发芽露白。催芽期间每隔5～6小时检查淋洗一遍种子，种子露白后即可播种，播种和苗期管理方法同葫芦类。

四、栽培管理

大瓜型南瓜品种需水肥比较大，小瓜型品种则宜小肥小水。栽培过程中：①基质中可加入鸡粪和复合肥，每立方基质加鸡粪10～15kg，复合肥1～1.5kg；②生长阶段根据长势每半个月追一次肥；③营养液的EC值掌握在2.20～2.50mS/cm，基质浓度不要超过2.6mS/cm。南瓜属于主、侧蔓都能结瓜的种类，可根据

不同景观需要确定整枝留瓜的形式，但应该协调营养生长和生殖生长的平衡。一般单瓜重在 2 ~ 3kg 的品种一株可保留 2 ~ 3 个瓜；单瓜重 1 ~ 2kg 可保留 3 ~ 4 个；小型的观赏南瓜可保留 8 ~ 10 个瓜。巨型南瓜单株不能同时结瓜太多，可以同时授粉 2 ~ 3 个瓜，待幼瓜膨大到直径 15cm 左右时，选择坐瓜节位合理、瓜形好、膨大速度快的瓜保留，其余应及时摘去，促使植株光合产物能集中输送到一个果实中去，培育出巨型南瓜。

巨型南瓜的膨大周期在 60 ~ 90 天之间，比普通南瓜延长一倍以上。因此，在瓜果没有定型前绝不能选留第二个瓜，如不以培养大瓜为目标时，可以同时选留 2 ~ 3 个瓜，但前提是植株的营养体（单株叶面积）必须达到 30m² 以上。

巨型南瓜在坐瓜后遇连续阴雨天气三天以上，就有可能引起化瓜，表现为嫩瓜表皮上出现白色斑点和斑块，严重时出现凹陷、萎缩、畸形而腐烂。在开花授粉后的 20 天内出现不利天气或根部受害均会引起化瓜。因此，遇到连续阴天或植株根部受害时要及时采取补救措施，人工补光是避免化瓜的最有效措施，同时也可结合根外追肥补充植株营养。

南瓜的品种大多不耐高温，应注意避免高温干燥的环境，要加强蚜虫和白粉虱的预防，避免病毒病的发生和蔓延。应保持室内 50% ~ 70% 的空气相对湿度。南瓜的温度管理及整枝中的操作可参考观赏葫芦的管理。

五、病虫害防治

主要病害有：灰霉病、白粉病和病毒病。虫害主要有：蚜虫、蓟马、白粉虱等。可参考葫芦类的防治方法。

第四节　蔬菜树式无土栽培技术

蔬菜树式栽培主要是把具有无限生长特性的直立和蔓生草本

蔬菜进行单株"树形化"或"巨型化"培育，以主攻单株高产和延长生长结果的生命周期为努力目标，是一种纯观光、科普型的栽培模式。

为了实现单株高产树式栽培，首先，要培育出巨大的单株营养体，把植株培养或塑造成"树形"；其次，要能实现植株多结果和周年均衡生长；第三，要尽可能延长生长结果的年限和追求株型的最大化。目前，中国农业科学院已经成功实现蔬菜树的栽培品种有：番茄、茄子、辣椒、甜椒、人参果、黄瓜、甜瓜、西瓜、南瓜、葫芦、冬瓜、蛇瓜、佛手瓜等瓜果、蔬菜 20 余种，这些蔬菜树的单株冠幅均能达到 $25m^2$ 以上，最大的可达 $120m^2$ 左右。

一、品种选择

用于培育蔬菜树的瓜果蔬菜，应选择生长势强盛、抗逆性强、连续开花、坐果性能好、果实外观漂亮、成熟后观赏和保存期长的品种。番茄类一般可以考虑选择中等果型或小果型的硬果品种，单穗结果在 5 个以上，果实大小均匀。黄瓜可以选择短小瓜形的无刺欧洲型品种，要求分枝能力强、抗病性强。茄子、辣椒等选择植株叶片宽大、节间较长、结果性好的品种。西瓜、甜瓜则选择小果型、长势旺的品种。冬瓜选择黑皮、粉皮的广东型品种。蛇瓜、瓠子选择瓜形细长的品种。

二、苗期培育

蔬菜树播种育苗的方法基本与常规无土栽培的育苗方法一样，只是更注重单株壮苗的培育，要给小苗充分的根系生长和冠层生长空间，同时要营造一个适宜的育苗环境，培育出蔬菜树栽培所需的壮苗。从苗期开始不能造成根系受害和营养、光照、水分的缺乏，避免秧苗的老化、弱化，并根据苗的成长和分枝情况及时进行株型调整。

三、基质配制

大部分蔬菜树的培育应采用基质栽培，由于蔬菜树的培育周期和生长期要比常规栽培延长一倍以上，基质要求透气性好、保水肥能力适宜、缓冲性好。一般北方地区可以按草炭＋珍珠岩＋蛭石＝3：3：4 的比例；南方地区可按 2：4：4 的比例来配制。草炭应选择中位优质草炭或进口草炭，不宜采用表层草炭和深层泥炭，珍珠岩一般要求颜色洁白，颗粒直径在 3～5mm，蛭石要求颜色金褐色，颗粒均匀无黑色或石英砂杂质，颗粒直径 3～6mm。对于栽培周期超过一周年以上的品种，如茄子、辣椒、甜椒、番茄等，为了防止基质中蛭石膨化结构的崩溃引起透气性的下降，要在基质配比中加入颗粒直径在 5～10 mm 的陶粒，将蛭石和珍珠岩比例各减少一份用陶粒代替。在混配基质时要边搅拌边喷洒营养液或清水，避免蛭石和珍珠岩在干燥状态下搅拌时起尘，影响人体呼吸道健康；同时，用营养液搅拌基质还可以使基质中养分分布更加均匀，有利于蔬菜树根系生长和养分吸收。在南方配制基质时，每立方米基质中应加入 2～3kg 轻质碳酸钙（石灰石）粉，北方可以少加或不加。

四、水肥调控

蔬菜树栽培应根据品种、生长发育阶段和不同季节进行营养和水分调控。一般在定植初期要保持基质较低的含水量，确保植株不缺水萎蔫即可，营养液的浓度与苗期基本相同。随着植株营养体的壮大，叶面积不断扩大，分枝不断增多，对水肥的需求也不断增加，这时应根据光照、温度、湿度的变化及时补充水肥，不能采取过度控水措施，以免伤害须根。植株一旦由于基质含水不足或由于基质中养分浓度过高而引起生理脱水，就会伤害根系和影响养分的输送，使植株形成僵化、老化苗，茎干增粗受抑制，难以培育出粗大茎干和强盛树势。在营养生长阶段，营养液配方中可以适当提高 N、Ca 的比例，在生殖生长阶段可以增加 P、K 的比例。但在营养调控上主要关注根部基质中 EC 和 pH 值的变化。一般南瓜、黄瓜、葫芦、甜瓜、甜椒等品种夏、秋季节根部基质中的 EC 值应控制在 2.2～2.4mS/cm 之间，不能超过 2.6mS/cm；冬春季节控制在 2.4～2.6mS/cm，不超过2.8mS/cm。西瓜、冬瓜、番茄、茄子、蛇瓜等品种的 EC 值可以比以上品种高 0.2～0.3mS/cm。大部分品种根部基质的 pH 值都可控制在 5.5～6.5之间。

五、株型培育

蔬菜树的株型培育取决于个人的审美观，具有一定的艺术特征，要把普通瓜果蔬菜培养成一棵"蔬菜树"，选留和控制分枝极为关键。在培育主要分枝过程中，一是要确定分枝的部位和分枝数；二是要确定分枝的间距和合理分布。由于不同品种蔬菜的分枝特性和分枝数量差异较大，应采取不同措施分别对待。对不易产生分枝的蔬菜品种，如南瓜、蛇瓜、西瓜、冬瓜等，需要通过不断摘心的措施来促进侧芽萌发形成分枝；而对于番茄、茄子、辣椒、甜椒、甜瓜、黄瓜等品种，一般每个叶腋都能产生分枝，很容易造成分枝过多而影响植株的纵向生长。可以从离根基部30cm 开始选留分枝，先选两个对生分枝或三叉分枝，而后在一级分枝上隔20～30cm 再促生或选留两个对生或互生分枝，依此类推，到植株上架前大小分枝数应达到 30～90 个，而且分布均匀有序，形成"树形的分枝骨架"。

植株所有分枝上架后，分枝的生长和分布就要根据不同蔬菜品种的叶片大小和叶片节位的稀密来确定分枝的选留和分布，一般要求分枝分布均匀呈放射状向四周爬延伸展，叶片重叠的比例不能太高，由于不同品种对光照要求不同，以及季节性光照条件的变化和温室透光性能的差异，对分枝和叶片密度的调控没有一个严格的标准。原则是喜光的品种、光照差的季节、透光率低的

温室，分枝和叶片分布不宜重叠太多。反之，可以适当多留分枝。

六、生理调控

能否培育成巨大树形的蔬菜树，关键在于植株的生理调控。首先，要能培育出一定大小的植株营养体，过早开花结果将会影响植株的生长速度和强壮树形的培育。大部分瓜类和番茄等品种，单株冠幅面积达到 $20 \sim 30m^2$ 时，可以有计划地开始选留花果，而茄子、椒类品种其生长速度比较慢，节间也较短，植株上架后达到 $6 \sim 9m^2$ 就可以开始留果。对于留果的数量，要根据温室的环境条件、季节、观赏目标以及植株的生长结果能力来确定。一般在每年的 3～6 月和 9～11 月，气候条件比较优越，可以适当多留果；而在夏季和冬季由于光照和温度条件的不适，不宜结果太多，否则很容易导致树势衰弱和提前结束生命周期。因此，为了保持植株持续稳定的生长和开花结果能力，必须随时关注植株的生长状态，在确保植株一定结果数量的前提下，还应保持植株有较强的生长势。如果出现生长点退化及花打顶现象，说明结果过甚或植株长势偏弱，应适当疏花或疏果，恢复树势。

七、环境调控

蔬菜树的培育周期比较长，即使生长期比较短的瓜类品种也能达到 10～12 个月，其他茄果类作物的生长周期甚至达 2～3 年，其一生要经历多个季节的更替，要达到延长其生育期的目标必须注重环境调控，创造适宜的环境条件是蔬菜树栽培成功的重要保证。

要根据不同品种对光照、温度、湿度的要求和不同的生育阶段进行调控，包括温室空间环境和根基环境。

1. 光照

一般春、秋季节的光照比较适宜，冬季由于日照时间短，太阳入射角度低，连栋温室的光照就显得不足，对于营养生长阶段的蔬菜树来说维持生长问题不大，但对于正处于结果阶段的蔬菜树来说，就会导致树势衰弱或不能正常开花结果。这时应采取补光措施，把植株冠层的光照强度补充到 5000Lx 以上，光照时间延长到 12～14 小时，阴雨、雨雪天应全天补光，晴天早晚进行补光。补光一般采用植物专用生长灯（一种园艺专用高压钠灯），这种灯带有独特的反光罩，其反光效率高达 95%，比普通高压钠灯的反光效率高 25% 左右，400W 的发光效率达 138.41（lm/w），比普通钠灯高 18.09%，光照强度（离灯具 260cm）平均在 4800Lx 左右，比普通钠灯高 60%。

2. 温度

室内温度的控制必须与光照条件协调同步，即光照强的季节温度要趋高管理，光照弱的季节要趋低管理，夏、秋季节白天室内温度应控制在 28～32℃，夜间控制在 20～24℃；冬、春季节白天温度应控制在 22～28℃，夜间控制在 12～18℃。温差始终控制在 8～10℃ 之间。根部基质温度夏、秋季节控制在 24～28℃，不要超过 32℃；冬、春季节控制在18～22℃，不要低于 16℃。而对于水培来说，根部营养液温度的控制更加严格，一般控制在 18～22℃，液温超过 25℃ 时溶解氧显著降低，增氧效果也明显下降。维持适宜的液温是确保营养液溶解氧含量的有效措施，液温低于 15℃ 时根系的生理活性和吸收能力均显著下降。因此，蔬菜树的栽培要在根基环境中增设保温、隔热、降温和加温设施，把根部温度控制在适宜的范围内。由于蔬菜树生长高大，其冠层一般在离地面 220～260cm 的温室空间中，如果温室顶部完全封闭，空气不对流或循环不畅，温室垂直温差可达到 4～6℃，甚至更高，很容易出现根部温度和冠层温度的强烈反差，造成水分代谢失调，要密切注意垂直温度的调控。

3. 湿度

温室内的湿度调控也必须与光照、温度同步，即高温强光时空气湿度要高，低温弱光时湿度要降低。否则，将会造成植株水分代谢的失调，引起生理性病害和病毒病的发生。一般夏、秋高温季节室内相对湿度应控制在 60% ~ 80%，冬春季节应控制在 40% ~ 70%。

此外，有条件的温室应注意二氧化碳气肥的补充，冬春季节温室常处于密闭状态，晴天室内二氧化碳浓度上午 10：00 后就会迅速降低到 100×10^{-6} 以下，大大低于作物正常需求水平，使作物处于二氧化碳"饥饿"状态。人工补充二氧化碳在冬、春季节的晴天是非常有效的增产措施，具体方法在本书前面已有涉及。

八、病虫害防治

蔬菜树栽培周期长，而且以观光、采摘和青少年科普教育为主要功能，虽然具有良好的设施和无土栽培技术的保障，但人的流动过于频繁很难避免病虫害的发生，因此预防和控制病虫害仍然是蔬菜树栽培管理的重要环节。对于气传病害和昆虫的防治，可以参考常规栽培的防治方法。

预防措施：首先要确保根基部的干爽，不能把水肥经常浇灌到主干基部，而且根基周围覆盖的基质不能超过子叶节位以上，应在主要骨干根系增粗后，扒开基质裸露根茎部，晾干后覆盖干燥海绵或无纺布保护，避免空气中的病菌和昆虫的侵害。对于水培蔬菜树的根茎部，当根系生长到一定阶段，植株将要挂果前，可以把液位降低 2 ~ 4cm 露出根茎部位，或将茎干向上提起露出水面。在根茎周围的盖板上围护无纺布或海绵，防止空气中的尘土、昆虫、病菌从根茎的定植孔侵入营养液与根际环境中；其次是要注意观察，一旦发现根茎表皮有变色、流胶、萎缩等现象，要及时进行手术治疗，用刀片削除病部至健康组织，用药物进行消毒或保护处理，伤口一般可用 800 ~ 1000 倍高锰酸钾涂抹处理，而后用 30 ~ 50 倍的杀毒矾或 15 ~ 20 倍的 70% 甲基托布津浆液进行涂抹保护。

第五节 叶菜立体无土栽培技术

观光农业的叶菜栽培，一般比较注重品种的多样化和栽培模式的艺术化，赋予其科技、文化、艺术内涵。如：采用立体柱式栽培可以在高低起伏的地形上布置成"蔬菜森林"的景观，也可布置成"蔬菜迷宫"景观；采用墙体栽培可以布置成"生态院墙"、"绿色小屋"等景观；采用管道式栽培可以布置成空中"景观长廊"或"立体景墙"。由于立体无土栽培主要是采用营养液循环供给系统，不需人工浇水施肥，环境整洁，蔬菜生长整齐，栽培管理方便，可根据季节和品种的色彩布置成各种色带图案，增添观赏性。因此，叶菜的立体无土栽培也已成为观光农业中不可或缺的内容。

一、品种及配套栽培模式

用于观光栽培的叶菜类蔬菜品种很多，除了常规栽培的生菜、苋菜、小白菜、芹菜以外，许多野生蔬菜、芳香蔬菜、药用蔬菜、彩色蔬菜也是很好的栽培素材。

彩色蔬菜的品种有：红叶甜菜、白梗甜菜、黄梗甜菜、紫叶生菜、花叶生菜、花叶苋菜、红叶苋菜、白叶苋菜、紫背天葵、白背天葵、京水菜、乌塌菜、奶白菜、红菜薹、金丝芥菜、花叶莴苣、结球菊苣、大叶木耳菜、红叶木耳菜等，适宜于水培、立体栽培和盆栽等栽培模式。

药用蔬菜：蒲公英、鱼腥草、叶用枸杞、桔梗、车前草、马兰、板蓝根、马齿苋等，适宜于基质槽式栽培或基质盆栽。

芳香蔬菜：香芹、紫苏、薰衣草、薄荷、罗勒、荆芥、留兰香、迷迭香、香蜂花、茴香、球茎茴香、神香草、芝麻菜、藿香等，适宜于基质床栽培或盆栽，也可用于立体无土栽培模式。

野生蔬菜：苦麻菜、鸭儿芹、水芹菜、土人参、荠菜、冬寒菜等，适宜于水培或基质栽培。

二、茬口安排

叶类蔬菜的观光栽培要求能实现连续性的生产景观和产品的陆续采摘收获。因此，在栽培上没有严格的茬次区分，对于一次性收获的速生叶菜，要求每隔 7~10 天播种一批，少量多次育苗。如生菜类、油菜类品种，定植后 20~45 天就可采收，需要陆续播种、陆续定植和陆续采收。如果一次性定植或采收面太大，将会出现栽培景观断档现象而影响观光效果。对于生育期比较长或可以多次采收品种可以每隔 30~50 天播种一批，每隔 20~30 天陆续更换定植。如：各种叶用甜菜、芳香蔬菜、紫背天葵、部分药用蔬菜和野生蔬菜等，主要以采收成型的叶片和嫩尖为食用产品，采收后菜苗仍能继续生长而延长景观效果。

叶菜的大部分品种是中、低温型的，在每年 9 月至次年 4 月的茬口可以陆续播种，菊科、十字花科、伞型花科叶菜类都适宜于这个季节的栽培；中、高温型蔬菜，如唇形科、苋科、落葵科、旋花科等品种，可以在每年的 4~8 月份陆续播种。

三、育苗方法

大部分叶菜育苗是采用种子繁殖，必须先在基质（或海绵）中播种，待长成具有 2~4 片真叶时进行分苗移植，部分品种可以通过扦插、分株法进行繁殖。要根据不同的品种进行分类育苗，对于喜低温的叶菜品种，如莴苣类、菊苣类、油菜类、芹菜类等，温度高于 25℃时种子不易发芽，出苗率低，秧苗素质差，在高温季节育苗时必须采取低温催芽，控制苗床的温度在 15~20℃之间；而对于喜高温的叶菜品种，在低温季节育苗时则必须采取加温措施；对于光周期反应强烈的品种还需要进行光周期调节，如大部分芳香蔬菜、木耳菜、空心菜、苋菜等，对温度要求较高，低温短日照条件容易提早开花结子，难以长成叶片肥大的营养体，缺乏商品性。所以，这类品种在早春或秋冬季节育苗时，必须采取加温和补光措施，把育苗和栽培环境的温度控制在 20~30℃，光照时间延长到 12~14 小时。

四、定植要求

叶菜观光栽培一般都采用无土栽培技术，叶菜类一般个体矮小，在土壤中栽培难以显现观赏效果，通过无土栽培技术，可以使这些矮生的叶类蔬菜"上床、上柱、上墙"栽培，展现立体农业景观。在定植时除了要根据不同品种的生长特性进行合理密植以外，要把各种叶类蔬菜按照不同的颜色、不同的株形进行艺术化布局设计，使栽培叶菜的区域具有艺术色彩感，提高观赏效果。

水培叶菜小苗从基质中移植到水培中，要把附着在根系上的基质冲洗干净，为了避免把病菌带入水培营养液系统中，对怀疑可能带菌的菜苗可以将秧苗用 1000 倍高锰酸钾溶液进行消毒处理，而后直接移植到水培床中。水培设施是聚苯材料为定植板时其固定植株比较容易，只要用略大于定植孔的海绵块夹住苗的根茎部位塞入定植孔中即可。PVC 管材制作的管道式水培设施，由于管材的管壁太薄，对菜苗固定不利，需要采用护根容器进行辅助定植，如水培专用定植杯或直径为 25mm 的 PVC 管件作定植固定容器。将小苗用海绵块夹住根茎部塞入容器中，再插入管道定植孔中。

立柱式、墙面立体式无土栽培叶菜，则是把菜苗先移植到一个特制的"马蹄形定植杯"中，培育一段时间，秧苗的冠幅已经达到或超过定植杯的大小时即可定植，由于立体栽培设施具有与定植杯直径一致的倾斜向上的"马蹄形定植孔"，定植时非常方便，只要将定植杯直接插入定植孔中即可，定植杯的长斜面与立体栽培设施内的海绵、无纺布紧密接触，根系就能从海绵和无纺布中吸收水分和养分，根系也能顺利地扎入其中。该套立体栽培设施是一种水培与基质培相结合的栽培模式，从农艺技术角度出发而进行设计的，几乎可以栽培所有的矮生蔬菜和花草，可以实现边采收、边定植作业，在不更换主体设施及内部资材的条件下，可以连续栽培 12～18 个月，在同一营养液循环栽培系统中，可以同时栽培 8～10 个叶菜品种，所以，非常适合矮生花草蔬菜的观光栽培。

在同一温室环境中栽培不同生态特性的叶菜品种，由于不能实现不同品种的不同环境指标控制，只能通过对温室方位、空间环境的差别进行不同品种的合理布局，把喜光、喜温的品种布植在温室的南端或立体栽培设施的上部，把喜低温的品种布植在温室的北端，把耐阴品种布植在立体栽培设施的中下部等。

五、栽培管理

叶菜观光栽培要以创造和维持稳定景观为第一目标。由于在同一环境、同一栽培系统中同时栽培数十种叶菜品种，所以，不能针对每个品种进行单独的营养调控，而是实行统一管理，在营养液调配和供给时，营养液 EC 值一般可以控制在 1.6～2.0mS/cm。水培模式一般可以根据菜苗的生育阶段、光照强度、温度高低进行供液和循环次数的设定。立柱、墙体栽培夏秋季节一般 3～5 小时循环供液一次，每次 20 分钟左右，冬春季节 6～8 小时循环一次即可。栽培夏秋季节每隔 30～45 分钟循环一次，每次供液 15～20 分钟；冬春季节每隔 2～4 小时循环一次，每次 20 分钟左右。

六、环境控制

叶菜观光无土栽培均采用水耕栽培或立体无土栽培，在温室条件下，空间垂直温度的高低对其生长发育的影响非常明显，在温室空气流通性差，封闭保温的季节，地表气温与离地高度

200cm 的空间温度至少相差 4～5℃，利用这一现象可以很好地进行不同品种在垂直空间上的立体布置，也有利于环境的控制。一般中、高温品种的生长适宜温度在 20～35℃之间，中、低温品种生长的适宜温度在 10～25℃之间。观光温室一般温度应不低于12℃，最高不能超过 32℃，这一温度条件下对观光游客还是可以适应的，也是叶菜所能接受的温度，叶菜的昼夜温差最好也能达到 8℃以上，尤其是结球品种、彩色品种为了能结球紧实、色彩艳丽，必须使昼夜温差达到 10℃以上。叶菜类的大部分品种对空气相对湿度要求应达到 60%～75%之间，高湿容易引起叶片腐烂，空气过于干燥将使叶片边缘失水干枯和促进纤维化而影响叶菜商品品质。

叶菜的基质栽培、立体栽培的根际环境调控可以随温室的空气温度来调控，但对于水培来说，必须把液温控制在适宜的范围内，液温高营养液中溶氧就不足，会使根系呼吸更加旺盛，对氧气需求更加迫切，由此而引起恶性循环，最终导致根系缺氧而腐烂。因此，必须对营养液进行温度控制，冬季最低液温不要低于15℃，夏季最高液温不要超过 25℃，以 18～20℃最为适宜。

七、病虫防治

无土栽培叶菜一般病虫害要比土壤栽培少得多，但由于观光的游客来回走动，温室的封闭性差，病虫害的发生仍然是避免不了的，在操作上要严加控制和预防。

对温室主要出入口应设立缓冲设施和防护设施，避免外界空气直接吹入而带入病虫害，而且要设立消毒设施。天窗及进风、排风口要安装防虫网，室内挂"黄板"诱杀白粉虱、蓟马、蚜虫等小型害虫。

水耕栽培系统内一旦有病害感染，本茬收获完毕后要全面清理和消毒，主要是针对栽培床、供液管道、回液管道、储液池进行药剂消毒处理，一般以 400～600 倍的"84 消毒液"或

0.3%～0.5%的漂白粉溶液进行喷洒、浸泡消毒。对于基质栽培、立体栽培系统，发现个别病苗可以进行单独处理，及时将病苗清理并进行局部消毒后补植，比较严重并进一步恶化时应全面清理消毒。对于叶部病害可以考虑喷施杀菌剂进行预防或控制。

（杨其长　汪晓云）

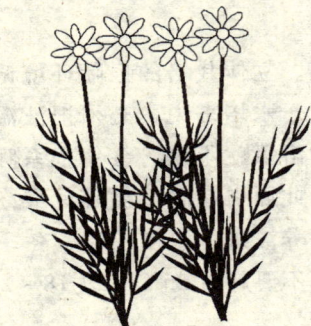

第六章 屋顶菜园与室内菜栽培工艺

在人口密集的村落、集镇、城市，尤其是大城市，地面上布满房屋、道路，仅余狭小隙地才能种点花草树木，人们的生活环境亟待改善。无土栽培技术的发展，为我们创造优雅的环境，提供了有力的技术保障。地面没有地方，那抬头看看我们的头顶，就会发现，实际上还有广阔的空间有待开发。利用平房或楼房的平面屋顶，采用先进的无土技术，我们可建设"空中花园"，用于种花养草、栽培蔬菜。面对我国耕地面积减少，人口日增的现实，充分利用城市空间及光、热等自然资源生产高档蔬菜产品，发展"城市农业"，对增加社会财富，调剂城市人民生活，更具有特殊意义。

拿北京来说，假定北京城区建筑物的屋顶面积在 2 万公顷以上，如果开发出 20%～30% 屋顶面积用于蔬菜栽培，就相当于增加 4000～6000 公顷以上的土地，可生产出 4 万～6 万吨高档蔬菜，其经济效益、社会效益及生态效益不言而喻。

回过头再看看我们的家庭，随着人民生活水平的提高，居室环境的改善，我们也有了较为自由的时间和较为宽松的空间，可以有条件在我们身边创造温馨适宜的环境。毫无疑问，进行"植物生态装饰"，是我们比较好的选择。

无土栽培作为一种先进的农业技术，不仅可以用在大面积生产经营上，也可以作为发展"城市农业"和"非农户家庭农业"的有效手段。

第一节　屋顶菜园的设计与建造

与地面栽培一样，屋顶菜园的无土栽培最好采用保护设施。但屋顶毕竟不同于地面条件，因此屋顶菜园设计与建造也必须因地制宜来考虑。

一、环境要求

在选择楼顶时，要考虑一下四周的环境条件，最主要的是周围不应有遮阳建筑物。如果有较高建筑物阻挡较大的风力，可以为我们增加安全系数。

二、安全载重量

一般建筑物楼地板安全负载为每平方米 200～600kg。其中住宅、旅馆、客房、病房安全负载量稍低，而百货商场、仓库、书库等的安全负载重量较高，这些屋顶都可以用来进行蔬菜无土栽培，并且较为安全。不过最好是根据实际情况，经专家鉴定来选择合适的无土栽培系统和适用基质，以尽可能减轻负荷，降低对建筑物的影响。

三、防水与排水系统

建筑物屋顶多有防水层。但由于无土栽培要经常用水，除了利用原来的排水系统外，在建筑设计时，还需根据所选择的无土栽培系统，另外设置一些防水及排水设施。例如加铺油毡作防水层；栽培槽下面铺厚塑料膜或塑料布防水，以免植物根系侵蚀楼顶板和水分渗透；根据需要给无土栽培系统设计配套的排水设施等（图 6-1）。

四、防风设备

适当的通风有利于植物的生长。然而，屋顶菜园随着建筑物的增高，风速变大，就会影响栽培保护设施和作物的安全。因此，必须根据实际情况，考虑挡风效果和结构强度，设计合理的保护设施和加固装置。如不采用棚室保护设施进行无土栽培，而进行露地种植，也需要架设一定高度的保护篱来达到防风要求（图6-2），但露地种植不能进行周年反季节生产。

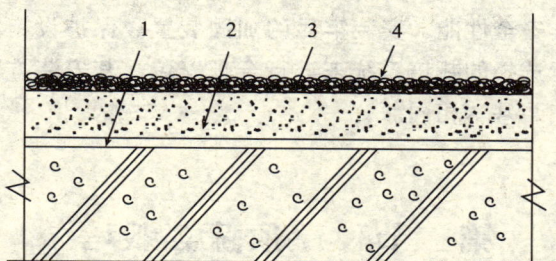

图6-1　油毡防水层

1. 1.5cm厚1比2防水水泥沙浆　2. 煤渣混凝土
捣出1/100泄水坡　3. 3层或5层油毡　4. 撒小石粒

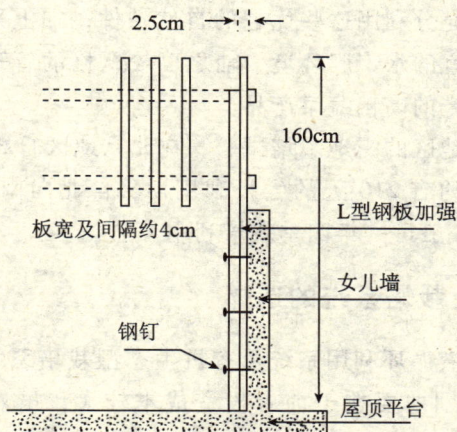

图6-2　屋顶菜园保护篱

五、屋顶菜园的建造施工

根据设计要求，综合考虑各种因素后，就可以施工建造屋顶菜园。如希望在屋顶建造温室或大棚等保护设施，由具有一定经验的专业施工队来建设安装比较保险。如自己建造简易大棚，应充分考虑其安全性能，安装牢靠的加固装置。保护设施内部的设施可根据所选择的栽培系统来进行合理安装，其安装方法与地面温室内的安装基本相同。

第二节　屋顶蔬菜栽培

一、屋顶菜园的环境条件

一般来说，屋顶较地面有更好的光、热、气环境条件，病虫害也比较少，充分利用这些优越的自然条件，加上采用无土栽培技术，创造适宜的水、肥环境，辅之以较严格的管理技术，就能生产出优质高产的高档蔬菜产品。

根据北京地区的露地栽培试验，在北京地区自 3 月中旬至 10 月中旬，每年约有 210 天的生长利用期。自北向南利用期延长，北纬 25°以南一般可一年四季栽培利用。

二、无土栽培系统的选择

一般营养液循环利用系统及有机生态型栽培系统综合效果较好。两者的差别主要在于前者投资成本较大，虽然显得干净美观，但生产出的产品不符合绿色食品要求，后者"土气"一些，但产品质量比较好，且成本低，管理方便，省工省力。

通过北京地区的试验，可以将前面所介绍的有机生态型无土栽培系统进行适当的改进。主要是栽培槽的高度及宽度可根据需要进行适当的增减，栽培槽框架可以用预制板或塑料泡沫板代替砖，以减轻重量。栽培基质的重量，用不着特别考虑。

总而言之，进行较大面积蔬菜生产，建议采用有机生态型栽培系统。如果进行示范性生产，更侧重于考虑美观效果，可考虑用各种营养液循环系统。

三、屋顶蔬菜栽培技术

在屋顶进行蔬菜栽培技术，与地面无土栽培一样，可选择各种适宜蔬菜品种进行种植。但栽培植物一般不宜进行长季节高秧栽培，可适当控制高度，而增加种植密度。在具有一定气候调控的保护设施里，可进行周年生产。属于露地型的，要注意适当安排茬口。栽培系统的管理，可参考前面的内容。

在北京地区，中国农科院蔬菜花卉所的专家们曾在屋顶露地采用有机生态型系统进行过蔬菜种植，其种植情况是这样的：

春分前后及处暑前后都可播种油菜、茴香、茼蒿等绿叶蔬菜，生长期 40～45 天。落葵、蕹菜较耐高温高湿，可在立夏前后种植，80～90 天内可采收 3～4 茬。根菜类蔬菜如樱桃萝卜，春播在春分后，秋播在白露，生长期 35～42 天。豆类蔬菜如矮生菜豆，春分后播，生长期 60 多天，于芒种前采摘完。蔬菜产量，油菜、落葵每平方米 5.0～7.5kg，茴香、萝卜每平方米产 2.5kg 左右。几种蔬菜换茬，一年 4～5 作，每平方米总产量约为 20kg。经改进或采用保护地设施，将会有更大的增产潜力。

四、屋顶蔬菜种植前景

屋顶蔬菜种植，在农村有条件的可以一家一户独自应用此项技术。而在城市则以商厦、宾馆、饭店、医院、学校、工厂、仓库、营房、企事业单位最适宜推广应用，其具有下列优越条件：

（1）各单位都具有环境意识，并有提高本单位在生态环境中

档次的愿望。

（2）各单位建筑物的屋顶面积较大，有空间可供建设屋顶菜园，都有通向顶层的楼梯，便于物质、产品的运输及管理人员的上下安全。

（3）能够为本单位人员增加福利，宾馆、饭店可在一定程度上实现蔬菜自给。

（4）采用有机生态型栽培方式，不需耕作，无需除草，没有喷农药等繁重农活，仅在开始安装时需要一定劳动力，平时工作量少，以栽培面积 100m² 计，生长季节每天仅需 20 多分钟轻便劳动，根据需要开关自来水灌溉，一般有人负责兼管就可。

总之，屋顶菜园的发展具有广阔的应用前景。

第三节　室内蔬菜种植

一、室内空间的选择及利用

1. 向阳阳台

阳台的结构有敞开型阳台、屋上式阳台、全闭型阳台、半闭型阳台等，这些阳台风格各异，环境条件也有较大的差异，但利用合理都可种植蔬菜。

全闭式阳台，如处于向阳地方，光照条件好，其环境条件完全可以与现代化的日光温室媲美，在里面可以种植各种类型的蔬菜。如安装上暖气和通风降温设施，甚至可以实现反季节周年性生产。

2. 向阳窗台

现在居室、办公室、教室的窗子等都较大，采光条件较好，在北方一般暖气片都安装在窗台下。冬暖夏凉的环境，为蔬菜的生长发育创造了极为有利的条件。阳光充足的窗台，可以种植各种类型的蔬菜，但考虑室内采光的需要，我们应当对蔬菜品种进

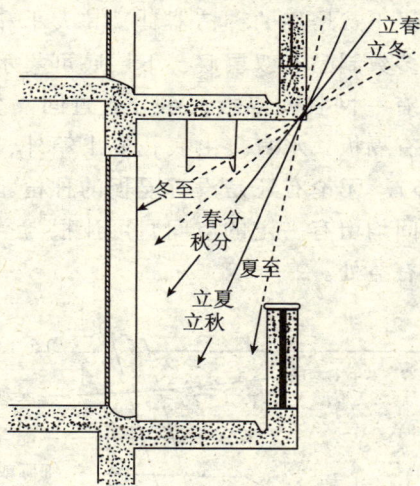

图 6 - 3　阳台正午日照图

行适当的选择图 6 - 3。

3. 其他地方

不向阳的阳台和窗台以及室内其他空间，可以栽培各种对光线要求不严格的蔬菜，主要是芽菜类，如豌豆苗、香椿苗、苜蓿芽等。

二、室内蔬菜无土栽培技术

（一）栽培方式的选择

1. 盆栽

这是最简易的栽培方式。把无土栽培基质如陶粒、蛭石、珍珠岩、岩棉等放于花盆中，底下再配一托盘防止水分及营养漏失。播种，发芽后定期浇灌营养液即可。也可以用专配营养基质代替，在一定时期内只需浇灌清水（图 6 - 4）。

2. 种植箱栽培

所谓种植箱，就是用氯乙烯或丙烯等塑料为原料，专门设计制造的适合家庭无土栽培用的种植器具，其大小和形状，可根据设计要求而异，多数制品有双层底，下层底可集水或营养液，避免流失；中层底有一网状间隔板，水分通过间隔板而聚集于底。但有些种植箱没有隔板，水直接由底孔流出箱外，在箱下另设有集水盘（图6-5）。无论有还是没有隔板的种植箱，中层与底层或底层与集水之间均留有一定的空间，可让根与空气接触，这对于植物的生长很有益处。

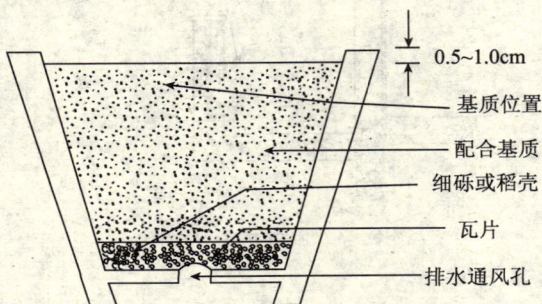

0.5~1.0cm

基质位置

配合基质

细砾或稻壳

瓦片

排水通风孔

图6-4 种植盆断面图

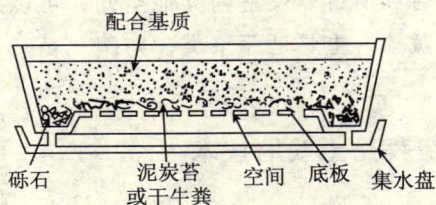

配合基质

砾石　　泥炭苔　空间　底板　集水盘
　　　　或干牛粪

a. 集水盘式植箱

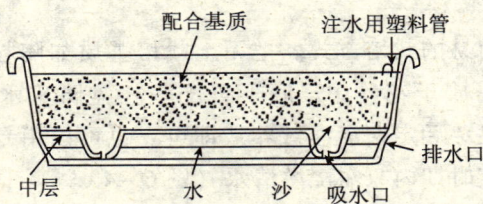

配合基质　　　注水用塑料管

排水口

中层　　　水　　　沙　　吸水口

b. 吸水式植箱

图6-5 种植箱的构造

种植箱栽培可以用营养液浇灌，也可以用营养基质浇清水栽培蔬菜。

3. 槽式自动化管理系统

槽式自动化管理系统是营养液循环系统的一种改制，只不过把它经过一定的改造，适用于室内栽培，可称微型营养液膜系统。其主要部分包括营养液罐、栽培槽、栽培基质（如岩棉块等）、微型水泵、定时器及管道系统。比较适用于机关、企事业单位办公室无人监管时进行自动化管理。

4. 小型简易静止水培装置

小型简易静止水培装置实际上是对最早的水培方式沙克斯装置的一种改进，装置的构成见图6-6。在管理过程中注意液位的控制，苗小时多加营养液使之浸没定植杯底1~2cm处，植株长大、根系发达后逐步降低容器中的营养液，让部分根系裸露在空气中。

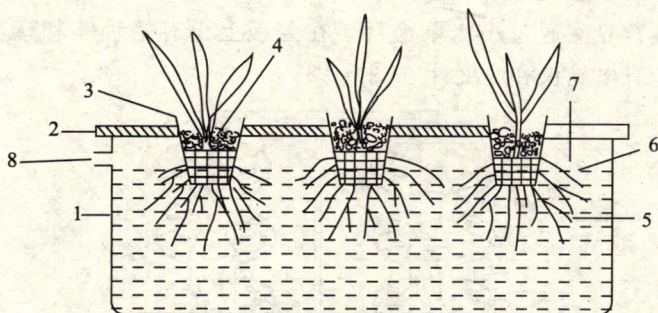

图6-6　简易静止水培种植装置示意图
1. 塑料箱　2. 泡沫塑料定植板　3. 塑料定植杯　4. 小砾石
5. 营养液　6. 液面　7. 空隙　8. 溢水口

为了能够自动补充种植箱中的营养液并控制箱中的液位，台湾某公司还设计了一种能自动补充营养液的改进装置。根据大气压的原理，将它增加了一个倒放的塑料瓶，瓶口与一段可推入或拉出瓶口的塑料或橡胶管相连，当液面下降时瓶中的营养液能自动补充（图6-7）。

图 6 - 7　自动补充营养液的静止水培装置
1. 定植板　2. 植株　3. 定植杯　4. 塑料瓶
5. 可伸缩的塑料管　6. 种植箱　7. 营养液

5．塔式装置

这是专业生产厂家制作的较为精致的一种水培装置。即在一个营养液槽上设置数个多层的栽培塔，每个栽培塔由数层栽培钵组成，营养液通过小水泵循环。在盖板上设有播种钵和育苗钵，还装备有电导仪和酸度计（图 6 - 8）。

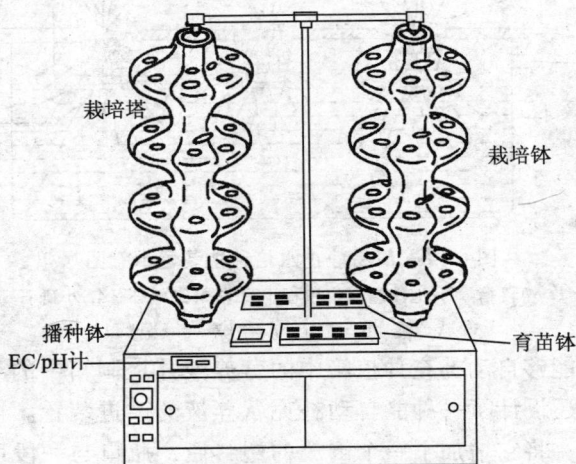

图 6 - 8　具有营养液检测装置的水培塔

6. 利用重力供排液的基质培装置

这种装置的种类多种多样，这里介绍一种非常简单的医用吊瓶来供应营养液的基质栽培装置。这种装置通过医用吊瓶把营养液滴入基质，流量可调节，多余的营养液可以回收，也可以滴清水（图6-9）。

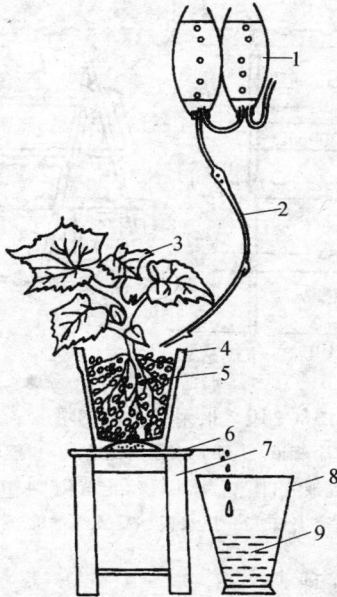

图6-9　吊瓶供液的小型基质培装置

1. 供液吊瓶　2. 供液管　3. 植株　4. 盆　5. 基质
6. 盛液盆　7. 支撑架　8. 回收容器　9. 回收营养液

7. 报架式小型水培装置

植株种在塑料管中，营养液靠重力在塑料管中循环。这种装置可以种植株型矮小的植物，如草莓、生菜、小白菜、小葱、西芹等（图6-10）。

其他还有很多栽培方式，其基本原理都差不多，这里不再一一介绍。

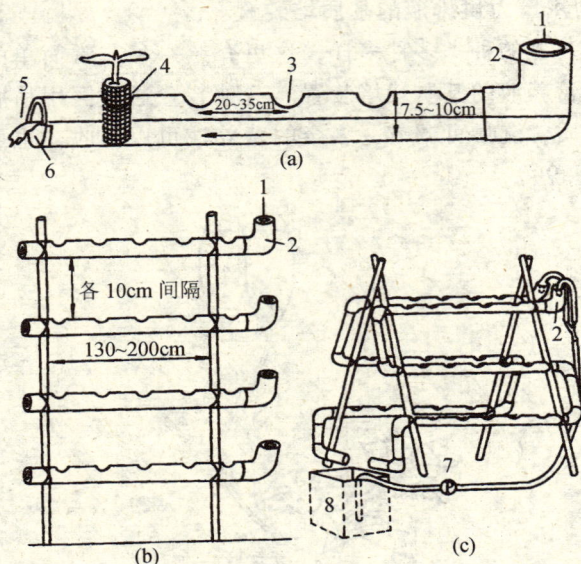

图 6 - 10   报架式小型水培装置
（a）单个管道   （b）多层管道   （c）整套装置
1. 营养液入口   2. 弯头   3. 定植孔   4. 育苗钵
5. 营养液出口   6. 挡水板   7. 水泵   8. 营养液池

（二）栽培品种

　　室内栽培蔬菜各方面的情况比较特殊，需综合考虑，选择合适的品种栽培。一般叶菜和芽苗菜生长周期短，占用空间小，种植较易获得成功，其品种选择不一定特别严格，参照本章第五节其他叶菜栽培品种即可。而对于较长季节的果菜，如番茄、茄子、辣椒等，则可考虑其观赏性和食用性相结合，选择合适的品种。中国农科院蔬菜花卉研究所经过多年的试验研究，筛选出比较合适的番茄、茄子、辣椒品种，可供室内蔬菜种植需要。

（三） 栽培管理

1. 播种育苗

室内种植用种子不多，可以先浸种催芽再播种。将种子用纱布包好，放在温水中浸泡 4～6 个小时，待种子充分吸水后，把种子淘洗干净，用湿毛巾包住，放在适宜的温度下进行催芽。一般催芽温度在 25℃ 左右就可以，冬天里放在暖气管周围，效果比较好。每天将种子和湿毛巾用凉水洗一遍，2～3 天后，如发现种子"露白"，就可以播种。

播种时必须注意先将基质浇透水，并且种子不宜播得太深，一般种子上覆盖的基质厚度为种子直径的 2 倍即可。播种后最好覆盖一层薄膜，以达到保温保湿的效果。此时还应注意保持环境温度在 20～28℃，以达到尽快出苗的目的。但幼苗出苗后，应立即揭去塑料薄膜，把幼苗放在阳光充足、温度适宜的环境下。

2. 种植管理

当幼苗露出 2～3 片真叶后，就可以移植进无土栽培系统中，进行常规管理。

3. 水分及营养供应

盆栽基质如果是基本不含营养元素的惰性基质，如沙、陶粒、岩棉等，一般要用营养液来进行浇灌。为了防止营养液流失，最好在盆下放一能盛营养液的托盘，营养液也并不一定每次都浇，可视植株的生长情况隔三岔五地浇一次，但在开花结果时要注意给予充分的水分和营养。如用配制的营养基质来种植，可以根据植株的生长情况，在很长一段时间内以浇清水为主。如营养基质配有足够的缓释肥料，甚至可以在一个开花结果周期内只浇清水，而不需另外施肥。

4. 植株调控

为了防止对室内环境产生不良的影响，也为了植物自身的需要，我们应采取一定措施对植株的大小、形状等方面进行调控。

例如无限生长类型的番茄，当结上 2 ～ 3 穗果后，应及时摘心。而对于自封顶的番茄，可以通过修剪，构成一定的造型，以达到赏心悦目之目的。对于影响美观的老叶，应及时清除。为了达到矮化和控制植株大小的目的，我们可以选择营养面积较小盆，通过控制地下部来达到控制营养生长的目的。而其他调控手段如控温、喷施矮壮素等也有很好的效果。

5．病虫害防治

蔬菜是一种招虫、易感病的作物，考虑室内环境的要求，种植蔬菜时要尽可能选一些抗病品种。而对于虫子，我们可以采用手捉、黄板诱杀、水洗等方式控制。一般来说，番茄较少招虫，抗病性也很强。而辣椒、茄子易招蚜虫，必要时，用小型喷雾器喷施化学杀虫剂防治。喷过药后，要注意室内的通风换气，以免影响人体健康。另外，有人用一定浓度的肥皂水和烟草水杀虫，效果不错，也比较安全。

6．环境条件

一般应在有充足的阳光、室内温度 15 ～ 30℃ 的环境条件，均可种植番茄。最适宜的温度为白天 20 ～ 25℃，夜间 15℃ 左右。而茄子所需的温度可更高一些。

至于室内的芽菜种植要量力而行，不要种植太多，否则可能会影响室内卫生状况。

（余宏军）